土木工程造价与施工管理研究

刘 萍 李 静 刘 峰◎ 著

吉林科学技术出版社

图书在版编目（CIP）数据

土木工程造价与施工管理研究 / 刘萍，李静，刘峰著. -- 长春 : 吉林科学技术出版社，2023.7
ISBN 978-7-5744-0747-3

Ⅰ. ①土… Ⅱ. ①刘… ②李… ③刘… Ⅲ. ①土木工程－建筑造价管理－研究②土木工程－工程施工－施工管理－研究 Ⅳ. ①TU7

中国国家版本馆 CIP 数据核字(2023)第 153195 号

土木工程造价与施工管理研究

著　　　刘　萍　李　静　刘　峰
出 版 人　宛　霞
责任编辑　张伟泽
封面设计　金熙腾达
制　　版　金熙腾达
幅面尺寸　185mm×260mm
开　　本　16
字　　数　312 千字
印　　张　13.75
印　　数　1-1500 册
版　　次　2023年7月第1版
印　　次　2024年2月第1次印刷

出　　版　吉林科学技术出版社
发　　行　吉林科学技术出版社
地　　址　长春市福祉大路5788号
邮　　编　130118
发行部电话/传真　0431-81629529 81629530 81629531
81629532 81629533 81629534
储运部电话　0431-86059116
编辑部电话　0431-81629518
印　　刷　三河市嵩川印刷有限公司

书　　号　ISBN 978-7-5744-0747-3
定　　价　85.00元

前 言

随着我国建筑业和建设管理体制改革的不断深化，对土木工程的施工组织和管理提出了新的要求。土木工程施工组织是土木工程专业的一门核心课程，其理论研究和实践应用也越来越得到各方面的重视，并在实践中不断创新和发展。工程造价的计价是建设工程管理过程中的一项重要工作，关系到工程建设各参与单位的切身经济利益，是工程建设各参与方普遍关注的问题。近年来，我国工程造价领域发生了根本性的变化，工程计价已逐步转变为国家宏观调控、市场竞争形成价格的方式。工程造价管理作为一门不断发展并具有广阔前景的新兴边缘学科，工程造价的管理体制改革也在不断发展与深化。

本书立足于土木工程造价与施工管理工作中的重点和难点，首先对土木工程的基本概念做了简要说明，其次对工程造价基础知识、工程造价的构成与计价进行了论述，最后就施工管理、施工成本管理、施工进度管理、施工合同管理、工程项目质量管理做了详尽阐述。本书具有前沿性和创新性，在土木工程造价与施工管理的基础上，在科学性、可操作性原则的指导下，有针对性地提出一系列土木工程造价与施工管理工作的建议，以期提高土木工程造价与施工管理工作的水平和效率，从而推动土木工程长远发展。本书可作为土木工程造价及施工管理相关专业的参考书，也可作为工程建设领域的工程技术人员和管理人员的学习参考书。

由于作者水平、时间和精力有限，书中提出的一些观点可能还存在一些遗漏和不妥之处，有些内容还有待于进一步深入研究和论证，恳切地希望各位读者提出宝贵意见和建议。

目　录

第一章　土木工程概述

土木工程是建造各类工程设施的科学技术的总称，它既指工程建设的对象，即建在地上、地下、水中的各种工程设施，也指所应用的材料、设备和所进行的勘测设计、施工、保养、维修等技术。

第一节　土木工程的内涵及特点

一、土木工程的内涵

学科简介中对土木工程的定义是：土木工程是建造各类工程设施的科学技术的总称，它既指工程建设的对象，即建在地上、地下、水中的各种工程设施；也指所应用的材料、设备和所进行的勘测设计、施工、保养、维修等技术。土木工程专业就是为培养掌握土木工程技术人才而设置的专业，土木工程是一个专业覆盖面极广的一级学科。

土木工程，英语为“Civil Engineering”，直译是“民用工程”，它与军事工程“Military Engineering”相对应，即除了服务于战争的工程设施以外，所有服务于生活和生产需要的民用设施均属于土木工程，后来这个界限也不明确了。按照学科划分，军用的地下防护工程、航天发射塔架等也都属于土木工程的范畴。

土木工程的内涵非常广，它包括房屋建筑工程、公路与城市道路工程、铁道工程、桥梁工程、隧道工程、机场工程、地下工程、给水排水工程、港口码头工程等。国际上，运河、水库、大坝、水渠等水利工程也属于土木工程的范畴。土木工程建设在我国有一个统称叫基本建设，它渗透到了工业（厂房、矿山）、农业（水利工程）、交通运输业（道路、桥梁、隧道）、国防（地下防空、发射塔）及人民生活（民用建筑、市政设施）各个方面。

相对于其他学科而言，土木工程诞生早，其发展及演变历时长，但又是一个“朝阳产业”，其强大的生命力在于人类生活乃至生存对它的依赖，可以说，只要人类存在，土木工程就有强大的社会需求和广阔的发展空间。随着时代的发展和技术的进步，土木工程早已不是传统意义上的砖、瓦、灰、沙、石，而是由新理论、新材料、新技术武装起来的专业覆盖面和行业涉及面极广的一级学科和大型综合性产业。

二、土木工程的特点

（一）土木工程投入大、工期长、难度高

进入 21 世纪后，我国在基本建设固定资产上的投资逐年增长，投资额是空前的，基本建设对 GDP 的贡献是巨大的。就单项工程而言，其投资规模也是相当惊人的，少则几百万元，多则上千亿元。

21 世纪，我国在基本建设上的投资规模将继续保持稳定增长的态势。土木工程的施工工期一般都较长，单个工程短则一年左右，长则几年，大型工程项目甚至几十年才能完工。

由于地质条件、使用功能的不同，一般来说没有完全相同的工程，对一些大型工程而言尤其如此，工程建设有很多技术难关需要攻克。

（二）土木工程可以大幅度拉动国民经济

在我国拉动国民经济的三驾马车（投资、消费和出口）中，投资的增长始终是主导力量。我国社会固定资产的投入连年高速增长，这些资金集中用于基础设施和基础产业建设，有效地促进了我国国民经济的快速发展。房地产业历来是衡量国家经济增长的重要产业，又是建筑行业的主要产业之一。

与土木工程直接相关的还有能源、开采、矿山、冶炼、机械、环保等行业和产业，如果涉及间接带动的行业就更多了，此外，还有玻璃、陶瓷、铝制品、防水材料等土木工程必不可少的建筑材料，以及与它有关的各行各业。土木工程的规模之大、影响面之广、带动行业之多足以说明其对国民经济的拉动作用。

（三）土木工程社会需求量大

土木工程是国家的基础产业和支柱产业，进入 21 世纪后，中国经济进入一个新的增长时期，以接近两位数的速度高速增长，通过对各国 GDP 的增长历史分析发现，土木工程作为支柱产业，在国民经济发展中——尤其在发展中国家占有更大的比重。

中国与发达国家相比，基础设施还比较落后，在投资和消费的双重作用之下，土木工程在未来几十年将处于一个前所未有的发展机遇期。土木工程相对于其他行业而言，又属于劳动密集型行业，能够吸收大量就业人员。仅从建筑企业角度分析就足以说明这一点。

（四）土木工程在学科上属于长线专业、硬专业，不易饱和

说土木工程为长线专业、硬专业，首先，它涵盖的内容和范围很大，而且和人类生

活、生产乃至生存都密切相关。一方面，它是一个古老的专业；另一方面，随着时代的进步和科技的发展，这个专业日益成长和壮大，人们对它的依赖越来越强，且要求越来越高，可以说时代不断赋予它新的内涵，从这个意义上讲，它又是朝阳专业。土木工程与其他行业的关系日益紧密，它服务于其他行业，随着现代高科技的发展，这些行业会对土木工程提出新的、更高的要求，反过来这些行业又为土木工程提供更加坚实的支撑。其次，土木工程难度高、投资大，这个专业又涉及数学、力学、结构、地质、材料等多门学科，学习起来有一定难度，这也算得上硬专业的理由。最后，需求量大的长线专业、硬专业是不容易饱和的。

第二节　土木工程专业的培养目标及要求

一、科学、技术与工程的概念

为了认清土木工程专业的培养目标，首先需要了解科学、技术和工程的概念。

（一）科学

科学是关于事物的基本原理和事实的有组织、有系统的知识。科学的主要任务是研究世界万物发展变化的客观规律，它解决“是什么”或“为什么”的问题，如：解释电灯为什么会亮。科学的英文名为Science，科学家（Scientist）是从事科学研究的专家，包括自然科学家和社会科学家。

（二）技术

技术，英文名为Technique，是指将科学研究所发现或传统经验所证明的规律发展转化成各种生产工艺、作业方法、设备装置等。技术的主要任务是利用和改造自然，它解决如何实现的问题，如：怎样使电灯发亮。科学和技术虽联系密切，但属于两个不同的概念。举例来说，科学上已发现，放射性元素（如铀-235）的核裂变可以释放出巨大的能量，这便是制造原子弹的科学依据。但是从原理到制造出原子弹还需要解决一系列技术问题，如：从铀矿中提纯铀-235、反应速率的控制、快速引爆机构的设计等，这是每一个拥有原子弹的国家用了较长的时间才得以实现的。而至今尚有一些国家渴望制造原子弹，但因技术不过关而未能如愿。

在高校入学考试、选择志愿时，理工科属于一个大类，选择理科（如：数学、物理、化学、生物、力学等）的学生侧重学习科学，但也要学习技术，以便应用；而选择工科（如：土木、机械、电工电子、通信等）的学生在学习中更侧重于学好技术，当然掌握技术的前提是掌握其科学原理。

（三）工程

工程，英文名 Engineering，含义更为广泛，它是指自然科学或各种专门技术应用到生产部门而形成的各种学科的总称，其目的在于利用和改造自然，并为人类服务。通过工程可以生产或开发出对社会有用的产品。一般说来，工程不仅与科学和技术有关，而且受到经济、政治、法律、美学等多方面的影响。例如，利用多孔纤维吸附受污染水中的杂质使之可以饮用，这一技术已经成熟，用此技术制成的净水器在一些国家已在野战部队中得到应用。但是要在城市供水中大规模地应用，则因其成本太高而未能推广。又如，基因工程的克隆技术，发达国家已经掌握了克隆动物的技术，并且克隆羊、克隆牛、克隆鼠等均已问世，但是克隆人，至今则没有被一个国家的法律所允许，有的国家还明令禁止。可见，工程是科学技术的应用与社会、经济、法律、人文等因素结合的综合实践过程。对于选择了工科（包括土木工程）的同学来讲，必须非常重视这一点。

二、土木工程专业的培养目标

对学生业务的培养目标为：培养掌握工程力学、流体力学、岩土力学和市政工程学的基本理论和基础知识，具备从事土木工程的项目规划、设计、研究开发、施工及管理的能力，能在房屋建筑、地下建筑、隧道、道路、桥梁、矿井等的设计、研究、施工、教育、管理、投资、开发部门从事技术或管理工作的高级工程技术人才。

（一）对业务的培养要求

主要学习工程力学、流体力学、岩土力学和市政工程学的基本理论，受到课程设计、试验仪器操作和现场实习等方面的基本训练，具有从事土木工程的规划、设计、研究、施工、管理的基本能力。

（二）毕业生获得的知识和能力

①具有较扎实的自然科学基础，了解当代科学技术的主要方面和应用前景。

②掌握工程力学、流体力学、岩土力学的基本理论，掌握工程规划与选型、工程材料、结构分析与设计、地基处理方面的基础知识，掌握有关建筑机械、电工、工程测量与试验、施工技术与组织等方面的基本技术。

③具有工程制图、计算机应用、主要测试和试验仪器使用的基本能力，具有综合应用各种手段（包括外语工具）查询资料、获取信息的初步能力。

④了解土木工程主要法规。

⑤具有进行工程设计、试验、施工、管理和研究的初步能力。

（三）涉及的主要学科

涉及的主要学科有力学、土木工程、水利工程等。本专业主要课程：材料力学、结构力学、流体力学、土力学、土木工程材料、混凝土结构与钢结构、房屋结构、桥梁结构、地下结构、道路勘测设计与路基路面结构、施工技术与管理。

（四）主要实践性教学环节

主要实践性教学环节有认识实习、测量实习、工程地质实习、专业实习或生产实习、结构课程设计、毕业设计或毕业论文等，一般实践环节安排 40 周左右。主要专业实验：材料力学实验、土木工程材料实验、结构实验、土质实验等。

土木工程专业的修业年限为 4 年。毕业后可授予工学学士学位。

三、土木工程学科的能力要求

在土木工程学科的系统学习中，不仅要注意知识的积累，更应注意能力的培养。成功的土木工程师的培养中，以下四点值得重视：

（一）自主学习能力

课堂所学的东西总是有限的，土木工程内容广泛，新的技术又不断出现，因而自主学习、自我成长的能力非常重要。

（二）综合解决问题的能力

实际工程问题的解决总是要综合运用各种知识和技能，在学习过程中要注意培养这种综合能力，尤其是设计、施工等实践工作的能力。

（三）创新能力

社会在进步，经济在发展，对创新型人才的要求也日益提高，所以在学习过程中要注意创新能力的培养。

（四）协调、管理能力

现代土木工程不是一个人能完成的，少则几个人、几百人，多则需要成千上万人共同努力才能完成，培养协调、管理能力非常重要。做事要合理、合法、合情，要有团队精神，这样，工作才能顺利开展，事业才能更上一层楼。

土木工程的发展可以从一个侧面反映我国经济的发展，显示中华民族的复兴。这一进程刚刚开始，有志于土木工程建设的同学们是非常幸运的，希望在未来土木工程的建设中贡献才华、缔造亮丽的人生。

第三节 土木工程材料

土木工程材料是土木工程建（构）筑物所使用的各种材料及制品的总称。从某种角度讲，建（构）筑物是所选用土木工程材料的一种“排列组合”。土木工程材料是一切土木工程的物质基础，材料决定了建筑形式和施工方法。

土木工程材料品种繁多，像钢筋、水泥、木材、混凝土、砖、砌块、沥青等是常见的材料，实际上土木工程材料远不只这些，其分类方法也有多种。

按使用性能分类，可以分为结构材料（受力构件或结构所用的材料，如：基础、梁、板、柱等所用的材料）、墙体材料（内外及隔墙墙体所用的材料，如：砌墙坯、砌块、墙板、幕墙等所用的材料）、功能材料（具有专门功能的材料，如：防水材料、保温隔热材料、吸声材料、装饰装修材料、地面材料及屋面材料等）。

按用途分类，又可以分为建筑结构材料、桥梁结构材料、水工结构材料、路面结构材料等。

按化学成分分类，土木工程材料可以分为无机材料、有机材料及复合材料。

为了适应建筑工业化发展的需要，提高工程质量，降低工程造价，保护生态环境，实现可持续发展，土木工程界不断涌现出各种新型材料；新材料的出现，促进了建筑形式变化、结构设计和施工技术革新。

一、石材、砖、瓦和砌块

石材、砖、瓦和砌块这些材料是最基本的建筑材料。无论是在古代，还是现代的建筑领域中，石材、砖、瓦和砌块均处于不可替代的地位。

（一）石材

凡采自天然岩石，经过加工或未经加工的石材，统称为天然石材。一般天然石材具有强度高、硬度大、耐磨性好、装饰性好及耐久性好等优点，所以石材的使用有着悠久的历史，古埃及的金字塔、太阳神神庙，中国隋唐时期的石窟、石塔、赵州桥，明清故宫宫殿的汉白玉、大理石栏杆等，都是具有历史代表性的石材建筑。在现代建筑中，北京的人民英雄纪念碑、毛主席纪念堂、人民大会堂、北京火车站等，都是使用石材的典范。石材被公认为一种优良的土木工程材料，土木工程中常用的石材根据其加工程度分为毛石、片石、料石、饰面石材和石子等。

1. 毛石

岩石被爆破后直接获得的不规则形状的石块称为毛石。根据表面平整度，毛石可分为乱毛石和平毛石两类。土木工程中使用的毛石，一般高度应不小于150mm，一个方向的尺寸可达300~400mm。毛石的抗压强度不低于10MPa。毛石可用于砌筑基础、堤坝、挡土墙等，乱毛石也可用作毛石混凝土的骨料。

2. 片石

片石也是由爆破而得的，形状不受限制，但薄片者不得使用。一般片石的厚度应不小于150mm，体积不小于0.01m^3，每块质量一般在30kg以上。片石主要用来砌筑施工工程、护坡、护岸等。

3. 料石

料石是由人工或机械开采出的较规则的六面体石块，再经人工略加凿琢而成。根据表面加工的平整程度，可分为毛料石、粗料石、半细料石和细料石四种。料石一般由致密均匀的砂岩、石灰岩、花岗岩加工而成，用于土木工程结构物的基础、勒脚、墙体等部位。

4. 饰面石材

用于建筑物内外墙面、柱面、地面、栏杆、台阶等处装修用的石材称为饰面石材。饰面石材一般采用大理石和花岗岩制成。饰面石材的外形有加工成平面的板材，或者加工成曲面的各种定型件。花岗岩板材主要用于土木工程的室外饰面；而大理石板材可用于室内装饰。

5. 石子

石子在混凝土的组成材料中，砂为细骨料，石子为粗骨料，石子除用作混凝土粗骨料外，路桥工程、铁道工程的路基等也常用。石子分碎石和卵石，由天然岩石或卵石经破碎、筛分而得到的粒径大于5mm的岩石颗粒，称为碎石或碎卵石。岩石由于自然条件作用而形成的，粒径大于5mm的颗粒，称为卵石。

（二）砖

砖是一种常用的砌筑材料。砖瓦的生产和使用在我国历史悠久，有“秦砖汉瓦”之称。砖有多种分类方法。

按生产工艺分为两类：一类是通过焙烧工艺制成的，称为烧结砖；另一类是通过蒸养或蒸压工艺制成的，称为蒸养（压）砖，也称非烧结（免烧）砖。

按所用原材料分为黏土砖、页岩砖、煤矸石砖、粉煤灰砖、炉渣砖和灰砂砖等。

按有无孔洞又可以分为实心砖、多孔砖和空心砖。孔洞率大于等于25%，且孔的尺寸小而数量多的砖为多孔砖，常用于承重部位；孔洞率大于等于40%，且孔的尺寸大而数量少的砖为空心砖，常用于非承重部位。

砖的标准尺寸为 240mm×115mm×53mm，通常将 240mm×115mm 的面称为大面，240mm×53mm 的面称为条面，115mm×53mm 的面称为顶面。

由于生产烧结普通砖（以黏土砖为主）的过程中要大量占用耕地，且能耗高、污染环境，施工生产中劳动强度高、工效低。与此同时，国家出台了一系列政策促进我国墙体材料革新，开发了节土、节能、利用工业废料、有利于环保的非烧结砖、砌块等砌筑材料。目前，应用较广的是蒸养（压）砖，这类砖是以含钙材料（石灰、电石渣等）和含硅材料（沙子、粉煤灰、煤矸石灰渣、炉渣等）与水拌和，经压制成型，在自然条件下或人工水热合成条件（蒸养或蒸压）下，反应生成以水化硅酸钙、水化铝酸钙为主要胶结料的硅酸盐建筑制品。目前，国内土木工程界使用的蒸养（压）砖主要有蒸养灰砂砖、蒸养（压）粉煤灰砖及煤渣砖。其他一些非烧结砖正在研发中，如：江西省建材研究院研制成功的红镶土、石灰非烧结砖；原深圳市建筑科学中心研制成功的水泥、石灰黏土非烧结空心砖等。可以说，非烧结砖是一种有发展前途的新型材料。

（三）瓦

瓦，过去一般指黏土瓦，属于屋面材料。它以黏土为主要原料，经泥料处理、成型、干燥和焙烧而制成。中国瓦的生产比砖早。西周时期就形成了独立的制陶业，西汉时期工艺上又取得了明显进步，瓦的质量也有较大提高，因而有“秦砖汉瓦”之称。由于黏土瓦材质脆、自重大、片小、施工效率低及其生产过程破坏与污染环境等缺点，与黏土砖一样，目前已经禁止使用。

随着建筑工业的发展，新型建筑材料不断涌现，目前我国生产的瓦的种类很多，按形状分，有平瓦和波形瓦两类；按所用材料分，有陶土烧结瓦、混凝土瓦、石棉瓦、钢丝网水泥瓦、聚氯乙烯瓦、玻璃钢瓦、沥青瓦等。

（四）砌块

砌块是人造板材，外形多为直角六面体，也有各种异型砌块。砌块建筑在我国始于20世纪20年代，近年来发展较快。砌块可以充分利用地方资源和工业废渣，节省黏土资源和改善环境，实现可持续发展；且具有生产工艺简单、原料来源广、适应性强、制作及使用方便灵活、可改善墙体功能的特点。砌块除用于砌筑墙体外，还可用于砌筑挡土墙、高速公路隔声屏障及其他构筑物。

我国目前使用的砌块品种较多，其分类方法也不同。

按砌块的空心率可以分为空心砌块（空心率大于等于25%）和实心砌块（空心率小

于25%或无孔洞）两类。

按规格尺寸可以分为大型砌块（高度大于980mm）、中型砌块（高度为380~980mm）和小型砌块（高度为115~380mm）。

按骨料的品种可以分为普通砌块（骨料为普通砂、石）和轻骨料砌块（骨料为天然或人造轻骨料、工业废渣等）。

按用途可以分为结构砌块（有承重和非承重砌块）、装饰砌块和功能砌块（具有吸声、隔热等功能的砌块）。

按材质又可以分为硅酸盐砌块、石骨砌块、普通混凝土砌块、轻骨料混凝土砌块、加气混凝土砌块等。

二、胶凝材料及拌和物

土木工程中，凡是经过一系列物理、化学作用，能将散粒材料（如：沙子、石子等）或块状材料（如：砖、石块和砌块等）黏结成具有一定强度且整体的材料，称为胶凝材料。

气硬性胶凝材料在水中不能硬化，只能在空气中硬化，保持并发展其强度，不能用于潮湿环境和水中；而水硬性胶凝材料不但能在空气中硬化，而且能更好地在水中硬化，保持并继续发展其强度，它既适用于地上，也适用于潮湿环境和水中。

（一）水泥

英国工程师约瑟夫·阿斯帕丁（Joseph Aspdin）发明了“波特兰水泥”（即Portland水泥，我国称硅酸盐水泥），并取得了生产专利，从而标志着水泥的诞生。可以说，水泥是一种有着悠久历史、至今仍广泛使用的极其重要的土木工程材料。

水泥是一种粉状矿物材料，它与水拌和后形成塑性浆体，能在空气中和水中凝结硬化，并能把砂、石等材料胶结成整体，形成坚硬石状体的水硬性胶凝材料。普通水泥的主要成分包括硅酸三钙、硅酸二钙和铝酸三钙等。

土木工程中应用的水泥品种众多，在我国就有上百个品种。按水泥的主要水硬化物分为硅酸盐系水泥、铝酸盐系水泥、硫铝酸盐系水泥、铁铝酸盐系水泥、磷酸盐系水泥、氟铝酸盐系水泥等；按水泥的用途和性能分为通用水泥、专用水泥和特性水泥三大类。

1. 通用水泥

通用水泥指一般土木工程中通常采用的水泥。如：硅酸盐水泥、普通硅酸盐水泥、矿渣硅酸盐水泥、火山灰质硅酸盐水泥、粉煤灰硅酸盐水泥等。

2. 专用水泥

专用水泥指有专门用途的水泥。如：道路水泥、中低热硅酸盐水泥、砌筑水泥等。

3. 特性水泥

特性水泥指某种性能比较突出的水泥。如：快硬硅酸盐水泥、抗硫酸盐硅酸盐水泥、膨胀水泥、自应力水泥和彩色水泥等。

（二）砂浆

砂浆是由胶凝材料、细骨料、水，有时也加入适量掺和料和外加剂混合，按适当比例配制而成的土木工程材料，在工程中起黏结、衬垫和传递应力的作用。在结构工程中，砂浆可以把砖、砌块和石材等黏结为砌体；在装饰工程中，墙面、地面及混凝土梁、柱等需要用砂浆抹面，起到保护结构和装饰的作用。

砂浆常用的胶凝材料有水泥、石灰、石膏和有机胶凝材料。

按胶凝材料不同，砂浆可以分为水泥砂浆、水泥混合砂浆、石灰砂浆、石膏砂浆和聚合物砂浆等，其中水泥混合砂浆是在水泥砂浆中加入一定量的掺和料（如：石灰膏、黏土膏、电石膏等），以此来改善砂浆的和易性，降低水泥用量。

按用途不同，砂浆又可以分为砌筑砂浆、抹面砂浆和特种砂浆等。

1. 砌筑砂浆

将砖、石、砌块等黏结成砌体的砂浆称为砌筑砂浆。它起着黏结砌块、传递荷载，并使应力的分布较为均匀，起协调变形的作用，是砌体的重要组成部分。

砌筑砂浆的技术性质主要包括新拌砂浆的和易性、硬化后砂浆的强度和黏结强度，以及抗冻性、收缩性等指标。

2. 抹面砂浆

凡粉刷于土木工程的建筑物或建筑构件表面的砂浆，统称为抹面砂浆。抹面砂浆具有保护基层材料、满足使用要求和装饰作用。抹面砂浆的强度要求不高，但要求保水性好，与基底的黏结力好，容易抹成均匀平整的薄层，长期使用不会开裂或脱落。

3. 特种砂浆

特种砂浆是指具有某些特殊功能的抹面砂浆，主要有绝热砂浆、吸声砂浆、耐酸砂浆和防辐射砂浆等。

（三）沥青

沥青是一种褐色或黑褐色的有机胶凝材料，在房屋建筑、道路、桥梁等工程中有着广泛的应用，采用沥青作为胶凝材料的沥青拌和料是公路路面、机场跑道面的一种主要材料；由于沥青属于憎水材料，也广泛应用于水利工程及其他防水、防潮和防渗工程中。

（四）沥青拌和料

沥青拌和料分为沥青混凝土拌和料和沥青碎（砾）石拌和料两类。沥青拌和料是一种黏弹塑性材料，用沥青拌和料修筑的沥青类路面与其他类型的路面相比，具有良好的力学性能和良好的抗滑性，修筑路面无须设置接缝，行车舒适性好，施工方便，速度快，能及时开放交通，并且经济耐久，被广泛应用于路面工程。根据拌和对象及施工方法分为沥青混凝土路面、沥青碎石路面及沥青贯入式路面等。

当然，沥青拌和料也有一些缺点或不足，比如，易老化、感温性大等。

三、钢材和钢筋混凝土

（一）钢材

钢是由生铁冶炼而成。理论上凡含碳量在 2. 06%以下，含有害杂质较少的铁碳合金均可称为钢。

根据炼钢设备的不同，钢的冶炼方法主要有氧气转炉法和平炉法。氧气转炉法已成为现代炼钢的主要方法之一。

钢的品种繁多，分类方法很多，通常有按化学成分、质量、用途等进行的几种分类方法。

土木工程常用钢材可划分为钢结构用钢和混凝土结构用钢两大类，二者所用的钢种基本上都是碳素结构钢和低合金高强度结构钢。

1. 钢结构用钢材

钢结构用钢主要有型钢、钢板和钢管。型钢有热轧及冷弯成形两种；钢板有热轧（厚度为 35~200mm）和冷轧（厚度为 0. 2~5mm）两种；钢管有热轧无缝钢管和焊接钢管两大类。钢结构的连接方法有焊接、螺栓连接和铆接。

（1）型钢

①热轧型钢。热轧型钢常用的有角钢（有等边的和不等边的）、“工”字钢、槽钢、“T”形钢、“H”形钢、“Z”形钢等。

②冷弯薄壁型钢。冷弯薄壁型钢通常用 2~6mm 薄钢板冷弯或模压而成，有角钢、槽钢等开口薄壁型钢及方形、矩形等空心薄壁型钢，主要用于轻型钢结构。

（2）钢板

用光面碾压轧制而成的扁平钢材，以平板状态供货的称钢板；以卷状供货的称钢带。钢板有热轧钢板和冷轧钢板两种，热轧钢板按厚度分为厚板（厚度>4mm）和薄板（厚度为 0. 35~4mm）两种，冷轧钢板只有薄板（厚度为 0. 2~4mm）一种。

一般厚板用于焊接结构，薄板主要用于屋面板、墙板和楼板等。在钢结构中，单块板不能独立工作，必须用几块板通过连接组合成“工”字形、箱形截面等构件来承受荷载。

（3）钢管

按生产工艺分，钢结构所用钢管分为热轧无缝钢管和焊接钢管两大类。在土木工程中，钢管多用于制作塔桅、钢管混凝土等，广泛应用于高层建筑、厂房柱、塔柱、压力管道等工程中。

2. 混凝土结构用钢材

混凝土结构主要包括钢筋混凝土结构和预应力混凝土结构，其所用钢材主要有普通钢筋、钢丝和钢绞线，其中钢丝和钢绞线主要用于预应力混凝土结构中。

（1）普通钢筋

普通钢筋为加强混凝土的钢条，系指用于钢筋混凝土结构中的钢筋和预应力混凝土结构中的非预应力钢筋。普通钢筋是土木工程中使用最多的钢材品种之一，其材质包括普通碳素钢和普通低合金钢两大类。普通钢筋按生产工艺性能和用途的不同可分为以下四类：

①热轧钢筋。用加热钢坯轧成的条形成品，称为热轧钢筋。

按轧制外形，分为热轧光圆钢筋（Hotrolled Plain Bars，简写 HPB）和热轧带肋钢筋（Hot rolled Ribbed Bars，简写 HRB），其中肋的形式有等高肋和月牙肋两种。

按热轧工艺，热轧带肋钢筋又可分为普通热轧钢筋和细晶粒热轧钢筋。普通热轧钢筋是指按热轧状态交货的钢筋；细晶粒热轧钢筋是指在热轧过程中，通过控轧和控冷工艺形成的细晶粒钢筋；并按热轧钢筋的屈服强度特征值分为三个等级。纵向受力普通钢筋宜采用 HRB（F）400、HRB（F）500 钢筋，也可采用 HRB（F）335 钢筋；箍筋宜采用 HRB（F）400、HRB（F）500 钢筋，也可采用 HRB335、HRB（F）335 钢筋。

②冷拉钢筋，为了提高强度以节约钢筋，工程中常按施工规程对钢筋进行冷拉。冷拉后钢筋的强度提高，但塑性、韧性变差，因此，冷拉钢筋不宜用于受冲击或重复荷载作用的结构。

③冷轧带肋钢筋，冷轧带肋钢筋是采用普通低碳钢或低合金钢热轧的圆盘条，经冷轧在其表面冷轧成两面或三面有肋的钢筋，也可经低温回火处理。

④热处理钢筋，热处理钢筋是用热轧螺纹钢筋经淬火和回火的调质处理而成的，公称直径主要有 6mm、8mm、10mm、12mm、14mm 等五个规格；热处理钢筋具有强度高、韧性高和黏结力高及塑性降低少等优点，目前主要用于预应力混凝土构件的配筋。

（2）钢丝和钢绞线

预应力混凝土用钢丝，是采用优质碳素钢或其他性能相应的钢种，经冷加工及时效处理或热处理而制得的高强度钢丝。钢丝分为冷拉钢丝和消除应力钢丝（包括光圆钢丝、刻痕钢丝和螺旋肋钢丝）两类。它比普通热轧钢筋强度高得多，可节省钢材、减少截面、节省混凝土；主要用于桥梁、吊车梁、大跨度屋架、管桩等预应力钢筋混凝土构件中。

预应力混凝土用钢绞线，由冷拔钢丝制造而成，其方法是在绞线机上以一种稍粗的直钢丝为中心，其余钢丝围绕其进行螺旋状绞合，再经低温回火处理即可。钢绞线的规格有2股、3股、7股、19股等，其中，7股钢绞线由于面积较大、柔软，施工操作方便，已成为国内外应用最广泛的一种预应力钢筋。我国生产的钢绞线分为普通松弛和低松弛两种，低松弛钢绞线的屈服强度与极限强度之比（屈强比）约为0.85。钢绞线具有强度高、柔性好、质量稳定、成盘供应无须接头等优点，适用于大型结构、薄腹梁、大跨度桥梁等负荷大、跨度大的预应力混凝土结构。

（二）混凝土

混凝土是指由胶凝材料、骨料（或称集料）、水按一定比例配制（也常掺入适量的外加剂和掺和料），经搅拌振捣，在一定条件下养护而成的人造石材。混凝土是现代土木工程中用途最广、用量最大的建筑材料之一。

混凝土具有原料丰富、价格低廉、生产工艺简单的特点，因而其使用量越来越大；同时混凝土还具有抗压强度高、耐久性好、强度等级范围宽等特点，其使用范围十分广泛，不仅在各种土木工程中使用，而且在造船业、机械工业、海洋开发、地热工程中，混凝土也是重要的材料。目前，混凝土技术正朝着高强、轻质、高耐久性、多功能和智能化方向发展。

1. 混凝土的分类

混凝土经过多年的发展，品种众多，常有以下七种分类方法：

①按胶凝材料分，有无机胶凝材料混凝土（如：水泥混凝土、石膏混凝土、硅酸盐混凝土、水玻璃混凝土等）和有机胶凝材料混凝土（如：沥青混凝土、聚合物混凝土、树脂混凝土等）。

②按表观密度分，有重混凝土（表观密度$>2800kg/m^3$）、普通混凝土（表观密度在$2000\sim2800kg/m^3$之间，一般在$2400kg/m^3$左右）和轻混凝土（表观密度$<2000kg/m^3$）。

③按使用功能分，有结构混凝土、保温混凝土、装饰混凝土、防水混凝土、耐火混凝土、水工混凝土、海工混凝土、道路混凝土、防辐射混凝土等。

④按生产和施工工艺分，有离心混凝土、真空混凝土、灌浆混凝土、喷射混凝土、碾压混凝土、挤压混凝土、泵送混凝土等。

⑤按配筋方式分，有素（即无筋）混凝土、钢筋混凝土、钢丝网混凝土、预应力混凝土等。

⑥按掺和料分，有粉煤灰混凝土、硅灰混凝土、矿渣混凝土和纤维混凝土等。

⑦按混凝土抗压强度等级分，有低强度混凝土（抗压强度$<30MPa$）、中强度混凝土

（为 30~60MPa）、高强度混凝土（≥60MPa）、超高强混凝土（≥100MPa）。

此外，随着混凝土的发展和工程的需要，还出现了膨胀混凝土、加气混凝土等各种特殊功能的混凝土，商品混凝土及新的施工工艺给混凝土施工带来了方便。

2. 普通混凝土

普通混凝土是指以水泥为胶凝材料，以砂、石为骨料，以水为稀释剂，并掺入适量的外加剂和掺和料拌制的混凝土，也称水泥混凝土。沙子和石子在混凝土中起骨架作用，故称为骨料（或称集料），沙子称为细骨料，石子（碎石或卵石）称为粗骨料；水泥和水形成水泥浆，包裹在砂粒表面并填充砂粒间的空隙而形成水泥砂浆，水泥砂浆又包裹在石子表面并填充石子间的空隙而形成混凝土。适量的外加剂（如：减水剂、引气剂、缓凝剂、早强剂等）和掺和料（如：粉煤灰、硅灰、矿渣等）是为了改善混凝土的某些性能及降低成本而掺入的。

砂浆与普通混凝土的区别在于不含粗骨料，可认为砂浆是混凝土的一种特例，也可称为细骨料混凝土。

3. 混凝土的主要技术性能

混凝土的性能包括两个部分：一是混凝土硬化之前的性能，即混凝土拌和物的和易性；二是混凝土硬化以后的性能，包括混凝土强度、变形性能和耐久性等。

混凝土拌和物的和易性又称工作性，是指混凝土拌和物在一定的施工条件下，便于各种施工工序的操作（拌和、运输、浇筑和振捣），不发生分层、离析、泌水等现象，以保证获得均匀、密实的混凝土的性能。和易性是一项综合技术指标，包括流动性（稠度）、黏聚性和保水性三个主要方面。

强度是混凝土硬化之后的主要力学性能，反映混凝土抵抗荷载的量化能力。混凝土强度包括抗压、抗拉、抗弯、抗折及握裹强度，其中以抗压强度最大，抗拉强度最小（大约只有抗压强度的 1/10）。土木工程中主要利用混凝土来承受压力作用，故在混凝土结构设计中混凝土抗压强度是主要参数。

混凝土在硬化和使用过程中，由于受到外力和环境因素的作用，会发生各种变形。混凝土的变形包括非荷载作用下的变形和荷载作用下的变形。非荷载作用下的变形由物理、化学等因素引起，包括化学收缩、干湿变形、碳化收缩及温度变形等；荷载作用下的变形由荷载作用引起，包括短期荷载作用下的变形和长期荷载作用下的变形。混凝土的变形直接影响混凝土的强度和耐久性。

混凝土耐久性是指混凝土在实际使用条件下抵抗各种环境介质作用，并长期保持强度和外观完整性的能力。混凝土耐久性主要包括抗冻性、抗渗性、抗侵蚀性及抗碳化能力等。

（三）钢筋混凝土与预应力钢筋混凝土

1. 钢筋混凝土

不配筋的混凝土（称为素混凝土），其主要缺陷是抗拉强度很低，一般只有抗压强度的1/20~1/10，也就是说混凝土受拉、受弯时易产生裂缝，并发生脆性破坏。为了克服混凝土抗拉强度低的弱点，充分利用其较高的抗压强度，一般在受拉一侧加设抗拉强度很高的（受力）钢筋，即形成钢筋混凝土（Reinforced Concrete，简写 RC）。

在混凝土中合理地配置钢筋，可以充分发挥混凝土抗压强度高和钢筋抗拉强度高的特点，共同承受荷载并满足工程结构受力的需要。如：对混凝土梁（受弯构件）来说，除了在受拉一侧配置纵向受力钢筋外，一般还要加设箍筋及弯起钢筋以防止它沿斜裂缝发生破坏；同时，在梁的上部另加直径较小的钢筋作为架立钢筋，它与受力钢筋、箍筋和弯起钢筋一起结成钢筋架。目前，钢筋混凝土是使用最多的一种结构材料。

2. 预应力钢筋混凝土

钢筋混凝土虽然可以充分发挥混凝土抗压强度高和钢筋抗拉强度高的特性，但其在使用阶段往往是带裂缝工作的，这对某些结构（如储液池）等是不容许的。为了控制混凝土构件受荷后的应力状态，在构件受荷之前（制作阶段），人为给拉区混凝土施加预压应力，使其减小或抵消荷载（使用阶段）引起的拉应力，将构件受到的拉应力控制在较小范围，甚至处于受压状态，即可控制构件在使用阶段不产生裂缝，这样的混凝土称为预应力混凝土。简单地说，将配置受力的预应力钢筋通过张拉或其他方法建立预加应力的混凝土，称为预应力混凝土（Prestressed Concrete 简写 PC）。

按照施加预应力的方法（施工工艺），预应力混凝土可分为先张法预应力混凝土（简称“先张法”）和后张法预应力混凝土（简称“后张法”）两大类。先张法是先将预应力筋张拉到设计的控制应力，用夹具将其临时固定在台座或钢模上，绑扎钢筋，支设模板，然后浇筑混凝土；待混凝土达到规定的强度后，切断预应力筋，借助于它们之间的黏结力，在预应力筋弹性回缩时，使混凝土获得预压应。后张法是先浇筑混凝土构件，并在预应力筋的位置预留出相应孔道，待混凝土强度达到设计规定的数值后（一般不超过混凝土设计强度标准值的75%），穿入预应力筋进行张拉，并利用锚具把预应力筋锚固，最后进行孔道灌浆，使混凝土产生预压应力。

四、木材

木材是人类使用最早的工程材料之一。我国使用木材的历史不仅悠久，而且在技术上还有独到之处，如：保存至今已达千年之久的山西佛光寺正殿、山西应县木塔等都集中反映了我国古代土木工程中应用木材的水平。

木材具有很多优点，如：轻质高强，导电和导热性能低，有较高的弹性和韧性，能承受冲击和振动作用，易于加工（锯、刨、钻等），木纹美丽，在干燥环境中有很好的耐久性等。因而木材历来与水泥、钢材并列为土木工程中的三大材料。但木材也有缺点，如：构造不均匀，各向异性；易吸湿、吸水，因而产生较大的湿胀、干缩变形；易燃、易腐蚀，且树木生长周期长、成材不易等。

（一）木材的分类

木材是由树木加工而成的，树木的种类很多，一般按树种分为针叶树和阔叶树两大类。

针叶树树叶细长呈针状，树干直而高，易得大材，纹理平顺，材质均匀，木质较软而易于加工，故又称软木材。建筑上多用于承重结构构件和门窗、地面材料及装饰材料。常用树种有松树、杉树、柏树等。

阔叶树树叶宽大呈片状，多为落叶树。树干通直部分较短，材质较硬，较难加工，故又名硬木材。建筑上常用作尺寸较小的构件。常用树种有榆树、水曲柳、桦树等。

（二）木材的主要性质

木材的构造决定其性能。

木材的性质包括物理性质和力学性质。物理性质主要有密度、含水率、热胀干缩等；力学性质主要有抗拉、抗压、抗弯和抗剪四种强度。

木材有很好的力学性质。但木材是有机各向异性材料，顺纹方向与横纹方向的力学性质有很大差别。木材的顺纹抗拉和抗压强度均较高，但横纹抗拉和抗压强度较低。木材强度还因树种而异，并受木材缺陷、荷载作用时间、含水率及温度等因素的影响，其中以木材缺陷及荷载作用时间两者的影响最大。因木节尺寸和位置不同、受力性质（拉或压）不同，有节木材的强度比无节木材可降低30%～60%。在荷载长期作用下木材的长期强度几乎只有瞬时强度的一半。

（三）木材的加工、处理和应用

在工程中，除直接使用原木外，木材一般都加工成锯材（板材、植材等）或各种人造板材使用。原木可直接用作屋架、檩条、椽、木桩等。

为减少使用中发生变形和开裂，锯材要干燥处理。干燥能减轻自重，防止腐朽、开裂及弯曲，从而提高木材的强度和耐久性。锯材的干燥方法可分为自然干燥和人工干燥两种。自然干燥方法的优点是简单，不需要特殊设备，但干燥时间长，而且只能干燥到风干状态。人工干燥利用人工方法排除锯材中水分，主要用干燥窑法，亦可用简易的烘、烤方法。干燥窑是一种装有循环空气设备的干燥室，能调节和控制空气的温度和湿度。经干燥窑干燥的木材质量好，含水率可降低到10%以下。使用中易于腐朽的木材应事先进行防腐处理。

木材经加工成型和制作构件时，会留下大量的碎块废屑，将这些废料或含有一定纤维量的其他作物作为原料，采用一般物理和化学方法加工而成的即为人造板材。这类板材与天然木材相比，板面宽，表面平整光洁，没有节子，不翘曲、不开裂，经加工处理后还具有防水、防火、防腐、防酸性能。常用人造板材有胶合板、纤维板、刨花板、木屑板等。

五、竹材

（一）竹材的特点

1. 竹材的优点

①物理特性方面：竹材内部组成结构独特，被称为“植物界中的钢铁”，具有韧性好，可塑性强，强度高，抗拉性、抗压性及抗弯性好等诸多优势，其抗拉强度为木材的2.0~2.5倍，抗压强度为木材的1.2~2.0倍。一般来说，生长在斜坡上的竹子比生长在山谷中的竹子结实，在贫瘠干旱的土地上生长的竹子比在肥沃土壤中生长的竹子结实。竹材密度小，其比强度高（材料强度除以其表观密度）于普通木材、结构用钢材、铝合金、混凝土等。竹材的干缩率低于木材，这使其在外部环境的干湿状况发生改变时所受影响相对要小，更能保证结构的稳定性。

②景观特性方面：竹子质地轻巧、色泽清新；竹材具有柔和的肌理、芳香的气味、温和的触感等。从科学的角度出发可以这样来理解竹材天然的亲和力：竹材光泽质朴、自然清爽的肌理能迅速使人安静下来，营造出宁静、自然之气息；同时能够吸收紫外线，减少对人体的伤害，也能反射红外线，让人在接近时产生温馨的感觉。竹材能给人以柔和、温暖的感觉；而在夏天，竹材特有的结构，又给人以清凉舒爽的触感；竹节在竹竿上自然分布，虽大致间距相同，但形态各异，形成了大体统一却富有变化的韵律感；竹材的横剖、纵剖形态也十分富有观赏性，并形成不同的肌理表现力，多样的形态使竹材在工程中的应用方式与表现力更丰富。

③生态特性方面：竹子生长周期短，一般3~5年，而木材需要10年以上；竹材在“固碳”、水土保持和水流域保护等方面具有良好的效益；竹材吸收二氧化碳的能力是普通树木的4倍，同时释放的氧气是普通树木的3倍；竹材可循环利用，对大自然负荷小，其废弃物作为一种有机物也可迅速降解，不会对环境造成污染。竹材为可再生资源，其生产与建造能耗低，污染小，是真正低碳环保的材料之一。数据表明，建造相同面积的建筑，

竹材与钢材、木材、混凝土的能耗之比分别为1∶50、1∶3、1∶8。用竹材料建成的建筑能满足低能耗、低污染、低排放，称之为绿色建筑实至名归。

④文化特性方面：没有哪一种植物能够像竹子一样对人类的文明产生如此深远的影响。中国劳动人民在长期生产实践和文化活动中，把竹子的形态特征总结成了一种做人的精神风貌，如：虚心、气节等，其内涵已形成中华民族的品格、禀赋和精神象征。竹子无牡丹之富丽，无松柏之伟岸，无桃李之娇艳，但它虚心文雅的特征，高风亮节的品格为人们所称颂。竹竿挺拔、修长，四季青翠，傲雪凌霜，备受中国人民喜爱，有“梅兰竹菊”四君子之一、“松竹梅”岁寒三友之一等美称。它不畏逆境，不惧艰辛，中通外直，宁折不屈，它坦诚无私，朴实无华，不苛求环境，不炫耀自己，默默无闻地把绿荫奉献给大地，把财富奉献给人民。竹子已经成为中国文化中最有代表性的文化符号，成为一种民族的精神依托与象征。探索竹材的更好应用，便是让这一传统得以延续，以新的形式将竹文化的核心价值进行继承与发扬。

2. 竹材的缺点

①力学性能差异大：影响竹材力学性能的因素很多，如：竹种、尺寸、生长时间、含水率、强度等；竹材为各向异性材料，横向强度低，竹筒对切线方向应力（压力、膨胀力）的耐受性较差；虽然竹子管壁外围由纤维包裹，受力强度较大，竹子从底部到顶部，其强度、直径及竹节间距有差异。

②竹材易开裂：竹壁中的维管束沿顺纹方向生长，缺少横向约束，导致原生竹材的顺纹剪切强度和横纹抗拉强度较低，竹材易发生劈裂。竹壁外侧维管束较小且分布密集，内侧的维管束较大但分布稀疏，导致外侧密度大于内侧密度，外部较内部更容易开裂。竹子内外干缩率不同，干缩不均匀会产生干缩梯度，带来干缩应力，也会导致竹子发生开裂。竹子直径和壁厚较大时，开裂程度较大；竹子长度越短，裂纹越密集。竹子的开裂还与其渗透性关系密切，由于竹子缺少横向组织导致其渗透性较差，当对竹子进行化学处理、干燥、热处理时会对其处理效果产生影响。

③防火问题：木材的燃点在250℃~300℃，而竹子的燃点约为356℃。竹子的燃点虽然高于木材，但由于竹茎是空心的、木质部较薄、含水率也低，一旦着火，水分蒸发很快。在高温作用下竹子会分解产生如竹炭、木煤气等易燃的物质。发生火灾时，这些易燃物质会加剧火势，会在很短的时间扩展到整个建筑物并导致整个建筑物烧坏，甚至会蔓延到周围的建筑物。

④防腐防虫问题：竹材成分中，除了纤维素、半纤维素及木质素之外，还有糖类、淀粉类、蛋白质、蜡质及脂肪等营养物质；当竹材裸露在空气中的时候，这些营养物质导致其易受到外界细菌、真菌及一些害虫如白蚁等的侵害。在潮湿的环境中容易因吸收水分而腐烂，这些缺陷都影响了竹材自身的强度与耐久性。

⑤耐候性差：除了菌类和虫蛀，阳光和湿度变化是影响竹子寿命的主要因素。在直射阳光和湿度的剧烈综合作用下，竹子会出现裂纹，而裂纹又使蛀虫得以侵扰，竹竿强度会大打折扣。

⑥连接问题：竹材由于自身的特性导致竹筒杆件之间的组合较为困难。绑扎是传统竹建筑常用的连接方式，但由于竹材本身的圆形截面及绑扎本身的柔性连接，使得节点易松动，不利于建筑的整体稳定性；而且绑扎件的耐久性会影响建筑的使用寿命。螺栓或者榫卯连接方式可以提高结构的整体稳定性，但由于竹材中空，集中荷载能力较弱，竹材端部易开裂。另外，竹材从根部到梢部及竹筒之间构件尺寸不一，使得竹材的节点连接问题较难处理，连接节点强度也较难控制。

（二）竹材在土木工程中的应用

竹材作为结构材有数千年历史，早在新石器时代就出现用竹子建造的房屋。竹材易加工，取材方便，建造成本相对低廉，应用十分广泛，很多房屋便采用纯天然或者稍作处理的竹材来建造。竹材通常被用来建造房屋的柱、墙、窗框、椽、房间隔断、天花板和房顶等，还可以用作施工中的脚手架。

现代竹结构根据不同需求，主要分为四类：一是民居类竹结构，这类房屋以成本和技术要求较低为特点，在南美洲、东南亚的乡间和很多太平洋小岛较为常见，如：孟加拉国90%的农村房屋都是用竹子建造的。二是游憩类竹结构，常见于园林中和庭院，尤其是公园、度假村、风景区等，例如，竹廊、竹亭、竹桥、竹楼及一些特殊造型或者文化意义的构筑物等。三是文教类竹结构，常见于展览馆、学校建筑。米兰世博会的中国馆是利用竹制材料的典型案例。四是服务类竹结构，包括旅客接待中心、公厕、别墅和餐饮类建筑等，使用竹材更易让这类建筑和周围自然环境融为一体。

（三）工程竹材在土木工程中的应用

由于原竹材料壁薄中空、直径较小、尖削度大、结构不均匀，其几何尺寸、力学性能有很大的变异性，故原竹结构的使用有较大的局限性，难以满足现代建筑结构对材料的物理力学性能及构件尺寸的要求。工程竹材为解决上述问题提供了有效的途径。

依据不同竹单元（竹束、竹片、竹篾、竹碎料等）、不同排列方式、不同压制工艺，主要分为以下七类：

①竹集成材：将速生、短周期的竹材加工成定宽、定厚的竹片（去掉竹青和竹黄），再经干燥、施胶、组坯成型后压制而成的竹质型材。

②竹重组材：将竹材疏解成通长的、相互交联并保持纤维原有排列方式的疏松网状纤维，再经干燥、施胶、组坯成型后压制而成的竹质型材。

③竹编胶合材：将竹材断料去青，劈成竹片或竹篾编成竹席或竹帘，干燥至一定含水率，然后浸胶或涂胶，组坯压制而成的竹质型材。

④竹篾层积材：将竹材破成薄篾干燥后，不经编席或编帘直接浸胶干燥后，采用模压方法而制成的竹质型材，本质上是竹重组材的一种。

⑤竹碎料型材：将竹材加工边角料，经切片、压碎、筛选、拌胶、铺装，最后热压而成的竹质型材，又称竹材刨花材。

⑥竹塑复合材：竹粉、竹纤维或竹碎料与热塑性树脂及添加剂充分混合，经挤压、模压或平压等加工而成的型材。

⑦竹缠绕复合材料：指以旋切竹皮或竹篾为基材，以树脂为胶黏剂，采用缠绕工艺加工成型的生物基材料；可应用到管道、管廊、高铁车厢、现代建筑等领域。

工程竹材可以广泛地应用到土木工程领域，如：竹建筑用混凝土模板、竹建筑、竹桥等。

六、土木工程材料的发展前景

土木工程材料是土木工程的重要组成部分，它和工程设计、工程施工及工程经济之间有着密切的关系。自古以来，工程材料和工程建（构）筑物之间就存在着相互依赖、相互制约和相互推动的关系。一种新材料的出现必将推动建筑设计方法、施工程序或结构形式的变化，而新的结构设计和施工方法必然要求提供新的、更优良的材料。例如，没有轻质高强的结构材料，就不可能设计出大跨度的桥梁和工业厂房，也不可能有高层建筑的出现；没有优质的绝热材料、吸声材料、透光材料及绝缘材料，就无法对室内的声、光、电、热等功能做妥善处理；没有各种各样的装饰材料，就不能设计出令人满意的高级建筑；没有各种材料的标准化、大型化和预制化，就不可能减少现场作业次数，实现快速施工；没有大量质优价廉的材料，就不能降低工程造价，也就不能多、快、好、省地完成各种基本建设任务。因此，可以这样说，没有工程材料的出现，就没有土木工程的发展。

近几十年来，随着科学技术的进步和土木工程发展的需要，一大批新型土木工程材料应运而生，出现了仿生智能混凝土（自感知混凝土、自愈合混凝土、透光混凝土等）、高强钢材、新型建筑陶瓷和玻璃、纳米技术材料、新型复合材料（纤维增强材料、夹层材料）等。随着社会的进步、环境保护和节能减排的需要，对土木工程材料提出了更高、更多的要求。

第二章 工程造价基础知识

建设项目的投资或工程造价是每个投资者以及建设各参与方所关心的一个非常重要的问题，由此，工程造价管理就成为建设工程管理的核心工作内容之一。从工程项目管理的角度出发，如何管理和控制每一个建设项目的工程造价，合理地使用建设资金，提高投资效益，是工程管理研究与实践的重要课题。工程造价及其管理贯穿于工程建设的全过程，工程造价管理工作的成效直接影响建设项目投资的经济效益，也涉及工程建设参与各方的经济利益。

第一节 工程造价的概念

建设项目的投资或工程造价是每个投资者及建设各参与方所关心的一个非常重要的问题，由此，工程造价管理就成为建设工程管理的核心工作内容之一。从工程项目管理的角度出发，如何管理和控制每一个建设项目的工程造价，合理地使用建设资金，提高投资效益，是工程管理研究与实践的重要课题。工程造价及其管理贯穿于工程建设的全过程，工程造价管理工作的成效直接影响建设项目投资的经济效益，也涉及工程建设参与各方的经济利益。

一、概念

建设一个项目，一般来说是指进行某一项工程的建设，广义地讲是指固定资产的建购，也就是投资进行建筑、安装和购置固定资产的活动，以及与此相联系的其他工作。

工程项目建设，是通过建筑业的勘察设计和施工等活动，以及其他有关部门的经济活动来实现的。工程项目的建设包括从项目意向、项目策划、可行性研究、项目决策，到地质勘察、工程设计、建筑施工、安装施工、生产准备、竣工验收、联动试车等一系列非常复杂的技术经济活动，既有物质生产活动，又有非物质生产活动，其内容有土木工程、房屋建筑工程、生产或民用设备购置与安装工程，以及其他工程建设工作。

（一）工程造价

工程造价，是指进行一个工程项目的建造所需要花费的全部费用，即从工程项目确定建设意向直至建成、竣工验收为止的整个建设期间所支出的总费用，这是保证工程项目建造正常进行的必要资金，是建设项目投资中的最主要的部分。工程造价主要由工程费用和工程其他费用组成。

1. 工程费用

工程费用包括建筑工程费用、安装工程费用和设备及工器具购置费用。

（1）建筑工程费用

建筑工程费用是指建设工程设计范围内的建设场地平整、竖向布置土石方工程费；各类房屋建筑及其附属的室内供水、供热、卫生、电气、燃气、通风空调、弱电等设备及管线安装工程费；各类设备基础、地沟、水池、冷却塔、烟囱烟道、水塔、栈桥、管架、挡土墙、场内道路、绿化等工程费；铁路专用线、场区外道路、码头工程费；等等。

（2）安装工程费用

安装工程费是指主要生产、辅助生产、公用等单项工程中需要安装的工艺、电气、自动控制、运输、供热、制冷等设备、装置安装工程费；各种工艺、管道安装及衬里、防腐、保温等工程费；供电、通信、自控等管线缆的安装工程费；等等。

建筑工程费用与安装工程费用的合计称为建筑安装工程费用。如上所述，它包括用于建筑物的建造及有关准备、清理等工程的费用，用于需要安装设备的安置、装配工程的费用等，是以货币表现的建筑安装工程的价值，其特点是必须通过兴工动料、追加活劳动才能实现。

（3）设备及工器具购置费用

设备、工器具购置费用是指建设工程设计范围内的需要安装及不需要安装的设备、仪器、仪表等及其必要的备品备件购置费；为保证投产初期正常生产所必需的仪器、仪表、工卡量具、模具、器具及生产家具等的购置费。在生产性建设项目中，设备工器具费用可称为“积极投资”，它占项目投资费用比重的提高，标志着技术的进步和生产部门有机构成的提高。

2. 工程其他费用

工程建设其他费用是指未纳入以上工程费用的、由项目投资支付的、为保证工程建设顺利完成和交付使用后能够正常发挥效用而必须开支的费用。它包括建设单位管理费、土地使用费、研究试验费、勘察设计费、配套工程费、生产准备费、引进技术和进口设备其他费、联合试运转费、预备费、财务费用及涉及固定资产投资的其他税费等。

（二）建设项目投资

投资费用是建设项目总投资费用（投资总额）的简称，有时也简称为“投资”，它包括建设投资（固定资金）和流动资金两部分，是保证项目建设和生产经营活动正常进行的必要资金。

按照国际上通用的划分规则和我国的财务会计制度，投资的构成有以下三个方面：

1. 固定投资

固定投资是指形成企业固定资产、无形资产和递延资产的投资。在过去，企业的无形资产很少，并且筹建期间不形成固定资产的开支可以核销。因此，固定投资也就是固定资产投资。现代的企业无形资产的比例逐渐增高，筹建期间的有关开支也已无处核销，都得计入资产的原值，因此，再称固定投资为固定资产投资就不完整了。所以，有的书上把这些投资叫作建设投资。按国际惯例，将其称为固定投资较为贴切。

固定投资中形成固定资产的支出叫固定资产投资。固定资产是指使用期限超过一年的房屋、建筑物、机器、机械、运输工具及与生产经营有关的设备、器具、工具等。这些资产的建造或购置过程中发生的全部费用都构成固定资产投资。投资者如果用现有的固定资产作为投入的，按照评估确认或者合同、协议约定的价值作为投资；融资租入的，按照租赁协议或者合同确定的价款加运输费、保险费、安装调试费等计算其投资。

企业因购建固定资产而交纳的固定资产投资方向调节税和耕地占用税，也应算作固定投资的组成部分。

2. 无形资产投资

无形资产投资是指专利权、商标权、著作权、土地使用权、非专利技术和商誉等的投入。递延资产投资主要是指开办费，包括筹建期间的人员工资、办公费、培训费、差旅费和注册登记费等。

除了以上固定投资的实际支出或作价形成固定资产、无形资产和递延资产的原值外，筹建期间的借款利息和汇兑损益，凡与购建固定资产或者无形资产有关的，计入相应的资产原值，其余都计入开办费，形成递延资产原值的组成部分。

3. 流动投资

流动资金是指为维持生产而占用的全部周转资金。它是流动资产与流动负债的差额。流动资产包括各种必要的现金、存款、应收及预付款项和存货；流动负债主要是指应付账款。值得指出的是，这里所说的流动资产是指为维持一定规模生产所需要的最低的周转资金和存货；这里指的流动负债只含正常生产情况下平均的应付账款，不包括短期借款。为了表示区别，把资产负债表中的通常含义下的流动资产称为流动资产总额，它除了上述的最低需要的流动资产外，还包括生产经营活动中新产生的盈余资金。同样，把通常含义下的流动负债叫作流动负债总额，它除应付账款外，还包括短期借款，当然也包括为解决流动资金投入所需要的短期借款。

一般人们说的投资主要是指固定资产投资。事实上，生产经营性的项目有时还要有一笔数量不小的流动资金的投资。如：一个工厂建成后，光有厂房、设备和设施还不能运行，还要有一笔钱来购买原料、半成品、燃料和动力等，待产品卖出以后才能回收这笔资金。从动态看，工厂在生产经营过程中，始终有一笔用于原材料、半成品、在制品和成品贮备占用的资金。当然，还有一笔必要的现金被占用着。投资估算时，要把这笔投资也考虑在内。

通常，建设项目的投资费用总数首先是按现行的价格估计的，不包括涨价因素。由于建设周期很长，涨价的情况是免不了的。考虑了涨价因素，实际的投资肯定会有所增加。另外，投资需要的资金中一般会有很大一部分是依靠借款来解决，从借钱开始到项目建成，还要发生借钱的利息、承诺费和担保费等，这些开支有些在当时就要用投资者的自有资金来支付，或者再借债来偿付，有些可能待项目投入运行以后再偿付。不管怎样，实际上要筹措的资金比工程上花的资金要多。

一般把建筑安装工程费用，设备、工器具购置费用，其他费用和预备费中的基本预备费之和，称为静态投资，也即指编制预期投资（估算、概算、预算造价总称）时以某一基准年、月的建设要素的单价为依据所计算出的投资瞬时值，包括因工程量误差而可能引起的投资增加，不包括嗣后年月因价格上涨等风险因素增加的投资，以及因时间迁移而发生的投资利息支出。相应地，动态投资是指完成一个建设项目预计所需投资的总和，包括静态投资、价格上涨等风险因素而需要增加的投资及预计所需的利息支出。

（三）建筑产品价格

建筑产品是指土木工程、房屋、构筑物的建造和设备安装成果，它是建筑业的物质生产成果，是建筑业提供给社会的产品。建筑产品同其他工业产品一样具有价值和使用价值，并且是为他人使用而生产的，具有商品的性质。

建筑产品价格，是建筑产品价值的货币表现，是在建筑产品生产中社会必要劳动时间的货币名称。在建筑市场上，建筑产品价格是建设工程招标投标的定标价格，也表现为建设工程的承包价格和结算价格。

建筑产品价格主要包括生产成本、利润和税金三个部分，其中生产成本又可分为直接成本和间接成本。建筑产品价格除具有一般商品价格的特性外，还具有许多与其他商品价格不同的特点，这是由建筑产品的技术经济特点如产品的一次性、体形大、生产周期长、价值高及交易在先而生产在后等因素所决定的。

因建筑产品生产是一次性的、独特的，每一产品都要按项目业主的特定需要单独设计、单独施工，不能成批量生产和按整个产品确定价格，只能以特殊的计价方法，即要将整个产品进行分解，划分为可以按定额等技术经济参数测算价格的基本单元子项（或称分部分项工程），计算出每一单元子项的费用后，再综合形成整个工程的价格。这种价格计算方法称为工程预算和结算。又因建筑产品是先交易后生产，由项目业主在建筑市场上通过招标投标的方式选择工程承包人，所以，在产品生产之前就需要预先知道产品的价格，且交易双方都会同时参与产品价格的形成和管理。建筑产品的固定性又使其价格具有地区性，不同地区之间的价格水平不一。

建筑产品价格构成是建筑产品价格各组成要素的有机组合形式。在通常情况下，建筑产品价格构成与建设项目总投资中建筑安装工程费用构成相同，后者是从投资耗费角度进行的表述，前者反映商品价值的内涵，是对后者从价格学角度的归纳。当然，随着建设工程服务提供模式的变化，建筑产品价格的构成也会变化，如：对于施工总承包、设计与施工总承包或是 EPC 等不同的工程发承包模式，相应的工程承包价格的构成会有不同。

综上所述，可以这样理解，投资费用包含工程造价，工程造价包含建筑产品价格。

一般来说，由于建设项目投资费用的主要部分是由建筑安装工程费用、设备工器具购置费用及工程建设其他费用所构成，通常仅就工程项目的建设及建设期而言。从狭义的角度，人们习惯上将投资费用与工程造价等同，将投资控制与工程造价管理等同。

二、工程造价管理及其主要内容

工程造价管理是以建设工程项目为对象，为在计划的工程造价目标值以内实现项目而对工程建设活动中的造价所进行的策划和控制。

工程造价管理主要由两个并行、各有侧重又互相联系、相互重叠的工作过程构成，即工程造价的策划过程与工程造价的控制过程。在项目建设的前期，以工程造价的策划为主；在项目的实施阶段，工程造价的控制将占主导地位。

工程项目的建设，需要经过多个不同的阶段，需要按照项目建设程序从项目构思产生，到设计蓝图形成，再到工程项目实现，一步一步地实施。而在工程建设的每一重要步骤的管理决策中，均与对应的工程造价费用紧密相关，各个建设阶段或过程均存在相应的工程造价管理问题。也就是说，工程造价的策划与控制贯穿于工程建设的各个阶段。

建设程序是指建设项目从设想、选择、评估、决策、设计、施工到竣工验收、投入使用或生产等的整个建设过程中，各项工作必须遵循先后次序的法则。这个法则是人们在认识客观规律的基础上制定出来的，是建设项目科学决策和顺利进行的重要保证。按照建设项目产生发展的内在联系和发展过程，建设程序分为若干阶段，这些发展阶段有严格的先后次序，不能任意颠倒而违反它的发展规律。

通常，项目建设程序的主要阶段有：项目建议书阶段、可行性研究报告阶段、设计工作阶段、建设准备阶段、建设实施阶段和竣工验收阶段等。这几个大的阶段中都包含着许多环节，这些阶段和环节各有其不同的工作内容。

第二节　工程造价策划与控制

工程造价管理包括工程造价的策划（规划）和工程造价的控制两项工作。在建设项目的建造过程中，各阶段均有工程造价管理的工作，但在工程建设的不同阶段，工程造价的管理工作内容与侧重点亦不相同。

一、工程造价全过程管理

工程造价的管理涉及工程建设的全过程，各个阶段均有造价管理的工作，且各阶段工程造价的管理工作相互关联、互为影响，是系统性、整体性的全过程综合管理。

在建设项目的投资决策阶段，工程造价管理的重要工作是按项目的构思和构想，进行功能描述、分析和费用测算，确定项目的投资估算，以作为可行性研究及项目经济评价的依据之一。在建设项目的设计阶段，工程造价管理的主要工作是按批准的项目规模、内容、功能、标准、投资估算等指导和控制设计工作的开展，组织设计方案竞赛，进行方案比选，提出优化建议；在设计过程中，及时收集分析与设计有关的各种参数、所需资源及其相应数据，要与设计人员保持有效沟通，提出基于成本分析的设计建议，积极能动地影响设计；要在设计阶段编制及审查设计概算和施工图预算，采用各种技术方法控制各个设计阶段所形成的拟建项目的投资费用。在建设项目的施工准备阶段，造价工程师须帮助项目业主选择工程承包单位，编制招标工程的标底或招标控制价，分析和评估投标报价；参加合同谈判，确定工程承包合同价；确定材料、设备的订货价等。在建设项目的施工阶段，工程造价管理的工作主要是以施工图预算或工程承包合同价作为工程造价的目标计划值，控制工程实际费用的支出，具体工作包括资金使用计划的编制；进行工程计量；结算工程价款；控制工程变更；实施工程造价目标计划值与实际值的动态比较等。在建设项目的竣工验收阶段，工程造价管理工作包括：编制竣工决算，确定项目的实际总投资；对发生的保修费用进行处理；对建设项目的建设与运行做全面的评估，进行项目后评价。

由此可见，与其他工程建设目标的控制略有不同，工程造价的策划与工程造价的控制并非完全独立，在某些阶段，两者会有一定程度的相互重叠，即策划中有控制、控制中有策划。在工程项目建设的前期阶段，工程造价管理的重点是工程造价的策划工作，包括工程造价的估价；而随着工程建设的实施进展，在中后期阶段，工程造价的控制工作将成为主导。

由于工程项目及其建设所具有的固有特点，进行工程造价的计价，开展工程造价的策划和控制工作，一个重要的基础工作就是要确定工程分解结构，即首先是要将工程项目进行分解，建立建设项目的工程分解结构。工程分解结构是进行工程造价策划与控制的基础。

二、工程分解结构

工程分解结构是由工程项目各组成部分构成的“树”，“树”的结构确定了工程的整个范围。

“树”中每下降一层，就表示对工程组成部分说明和定义的详细程度提高了一层。对一个具体的工程项目，它是将工程项目分解成若干个子项目，再将这些子项目又进一步分解成主要的工作单元或项目单元。

（一）目的和形式

工程项目分解结构源于工作分解结构（Work Breakdown Structure，WBS）。关于 WBS 的定义，最早可从美国国防部对于国防系统开发工作手册中的定义看到：“工作分解结构是由硬件、服务和数据组成的、面向产品的树状结构，它来源于开发和生产某种国防材料过程中的项目开展情况，它也完全确定了该项目或作业的内容。工作分解结构列出并明确需要开发或生产的一项或多项产品，同时给出应完成的各工作单元相互之间及它们与最终产品之间的关系。”

工程项目分解结构是为了将工程分解成可以管理和控制的工作单元，从而能够更为容易也更为准确地确定这些单元的费用和进度，明确定义其质量要求。工程项目分解结构采用的编码系统也为对工程项目进展情况进行阶段性跟踪和控制提供了便利。

1. 工程分解的基本目的

工程项目分解的基本目的包括以下内容：

①将整个项目划分成可以进行管理的较小部分，便于确定工作内容和工作流程。只有通过将项目分解成较小的、人们对其具有控制能力和经验的部分，才能对整个项目进行规划与控制。如：要控制一个工程项目的进度，只有将其分解成设计阶段、招投标阶段和施工阶段等，同时，设计阶段又分解为方案设计阶段、初步设计阶段、技术设计阶段和施工图设计阶段等。如果对于这些子阶段的进度也无法控制的话，自然也就谈不上控制整个项目的进度了。

对项目的分解不仅仅是将其分解成便于管理的单元，并且通过这种分解，能清楚地认识到项目实施各单元之间的技术联系和组织联系。如：在工程项目中，如果只是简单地将施工阶段分解成地下结构、主体结构、安装工程、装修工程等，而未认识到这些分部分项工程之间的一些联系，就失去了项目分解的意义。通过项目分解，就可能认识到这些分部分项工程之间的相互配合关系，如：土建结构浇捣之前要为安装预留管道洞口，有些结构部分须等设备就位后才能封闭，以及安装工程中水、电、风等专业工程与装修工程的密切配合等，甚至在一些高级宾馆的装修过程中，有明确的关于各工序“五进五出”的工作流程。工作流程设计所包括的工作内容及其顺序都依赖于项目的分解。

同时，只有通过工程项目分解，才有可能准确地识别完成项目所需的各项工作。尤其对于一个较新的或者缺乏足够经验的建设项目，经过项目分解过程，能够明确项目的范围，并对项目实施的所有工作进行规划和控制。

②自上而下地将总体目标划分成一些具体的任务，划分不同单元的相应职责，由不同的组织单元来完成，并将工作与组织结构相联系。项目的总体目标必须落实在每一个工作单元中实现，各工作单元的目标基本能得以实现是整个项目目标实现的基础。同时，这些子目标在工作单元中不再是一个个目标值，而是要实现这些目标值所应完成的工作和任务内容。当明确项目的范围、各项工作的内容和程序时，就应从组织角度落实人员及责任分工。

③针对较小单元，进一步对时间、资金和资源等做出估计。在建设工程项目规划阶段，任何人都很难对项目的进度、资金和其他资源做出精确的估计，因此，提高估计精度的唯一办法就是对项目进行必要的分解。人们往往可以借助自身的经验和类似项目的数据对新的项目进行预测，但每一个项目和它所存在的环境都具有其独特性，因此，这种预测就有可能发生很大偏离。但如果将一个整体项目分解成若干较小的部分时，这些小单元就与其他类似项目的小单元具有更多的共性，同时也能更加切合实际地估计不同因素对其的影响，估算的精度也将得到提高。例如，估算一幢大楼的进度和造价远比估算其中某一层结构施工的进度和造价复杂得多，偏差也大得多。

④为计划、预算、进度安排和造价控制提供共同的基础和结构。项目管理最为重要的和最为核心的两个职能就是项目策划和项目控制。但是，在日常的项目管理工作中，项目策划和项目控制的对象是明确的各项工作单元，项目的目标控制也落实到控制具体工作单元的进度、资金和质量。既然每一项工作单元都是目标的具体体现，是控制的对象，而计划工作、预算工作和进度安排等一般都分别属于不同的工作部门，因此，有必要将其进行统一的编码。这个编码系统就来自项目的工程分解结构工作。

2. 工程分解结构的形式

对于一个系统来说，存在多种系统分解的方式，只要这些子系统是相互关联的并且其综合构成系统的整体。项目是一个系统，同样也有多种分解的方式。

①按项目组成结构进行分解。根据项目组成结构进行分解是一种常用的方式，其分解可以根据物理的结构或功能的结构进行划分。

②按项目的阶段进行分解。根据建设工程项目实施的阶段性对项目进行分解也是工程结构分解的一种方式。这种阶段的划分并非是随意性的，而是要根据项目实施的特点进行，有时为突出某一阶段的重要性，也可将其进一步细分。

③按费用的构成进行分解。对建设工程项目进行分解的另一种方式是按工程造价的构成划分，以对工程造价从费用组成的内容实施控制。

（二）工程分解结构的意义

任何工程项目的建设都是根据业主特殊的功能要求与使用要求，单独进行设计、施工，每一个项目均有自己的特点，各不相同。从建设过程的角度来看，可以说，不存在两个完全相同的工程，因而，对每一个工程的造价也需要单独进行计算。又由于工程项目的特点，其建筑、结构、设备等形式各异，体量大小千变万化，所用材料成百上千，在计算工程费用时按一个完整工程作为计量单位进行计价是很难实现的，而可行的方法是将工程进行分解，即将整个工程分解为组成内容相对简单、可以计算出相应实物数量的工程造价计价的基本子项。如果分解得到这样的子项，则有可能方便容易地计算出各个基本子项的价格费用，然后再逐层汇总，最终可得到整个工程的造价。同理，工程造价的控制也应控制至各个基本子项的实际发生的费用，将各个基本子项的费用实际值与相应的计划值做比较，最终才能控制整个工程的造价。所以，工程分解或称工程结构分解是进行工程造价计算与控制的一项非常重要的工作，是工程造价规划与控制的基础。

工程的分解有多种途径，分解结构的意义在于其能够把整体的、复杂的工程分成较小的、更易管理的组成部分，直到定义的详细程度足以保障和满足工程造价的策划活动和控制活动的需要。

（三）建设项目分解

建设项目尤其是大型复杂项目是一个系统工程，为适应工程管理和经济核算的需要，可以将建设项目由大到小，按分部分项划分为各个组成部分。按照我国在建设领域内的有关规定和习惯做法，工程项目按照它的组成内容的不同，可以划分为建设项目、单项工程、单位工程、分部工程和分项工程等 5 项，或可继续进行细分。

1. 建设项目

建设项目一般指具有一个计划文件和按一个总体设计进行建设、经济上实行统一核算、行政上有独立组织形式的工程建设单位。在工业建设中，一般是以一个企业（或联合企业）为建设项目；在民用建设中，一般是以一个事业单位（一所学校、一所医院）为建设项目；也有经营性质的，如：以一座宾馆、一所商场为建设项目。一个建设项目中，可以有几个单项工程，也可能只有一个单项工程。

2. 单项工程

单项工程是建设项目的组成部分，它是能够独立发挥生产能力或效益的工程。工业建设项目的单项工程，一般是指能独立生产的厂（或车间）、矿或一个完整的、独立的生产系统；非工业项目的单项工程是指建设项目中能够发挥设计规定的主要效益的各个独立工程。单项工程是具有独立存在意义的一个完整工程，也是一个复杂的综合体，它由若干单位工程组成。

3. 单位工程

单位工程是单项工程的组成部分，通常按照单项工程所包含的不同性质的工程内容，根据能否独立施工的要求，将一个单项工程划分为若干单位工程。如：某车间是一个单项工程，构成车间的一般土建工程、特殊构筑物工程、工业管道工程、卫生工程、电气照明工程等，就分别为单位工程。

4. 分部工程

分部工程是单位工程的组成部分，在建设工程中，分部工程是按照工程结构的性质或部位划分的。例如，一般土建工程（单位工程）可以划分为基础、墙身、柱梁、楼地屋面、装饰、门窗、金属结构等，这些被划分出的每个部分可称为分部工程。

5. 分项工程

在分部工程中，由于还包括不同的施工内容，按其施工方法、工料消耗、材料种类还可以分解成更小的部分，即建筑或安装工程的一种基本的构成单元——分项工程。分项工程是通过简单的施工过程就能完成的工程内容，它是工程造价计价工作中一个基本的计量单元，也是工程定额的编制对象。它与单项工程是完整的产品有所不同，一般来说，它没有独立存在的意义，只是建筑安装工程的一种基本的构成因素，是为了确定建筑安装工程造价而设定的一种中间产品，如：砖石工程中的标准砖基础、混凝土及钢筋混凝土工程中的现浇钢筋混凝土矩形梁等。

综上所述，一个建设项目通常是由一个或几个单项工程组成的，一个单项工程是由几个单位工程组成的，而一个单位工程又是由若干个分部工程组成的，一个分部工程可按照选用的施工方法、所使用的材料、结构构件规格的不同等因素划分为若干个分项工程。

三、工程造价策划

工程造价的策划或规划主要是指工程造价的计价，以及工程造价管理实施的策划，即制订建设项目实施期间工程造价控制工作方案等的一系列工程管理活动。

（一）工程计价原理

工程造价的计价，即工程计价，是指工程造价的计算和确定，包括工程估价和工程实际造价的计算。一般而言，工程估价是指工程项目开始施工之前，预先对工程造价的计算和确定。工程估价包括业主方的工程估价，具体表现形式为投资估算、设计概算、施工图预算、招标工程标底或招标控制价、工程合同价和资金使用计划等；也包括承包商的工程估价，具体表现形式为工程投标报价、工程合同价等。工程实际造价的计算，主要包括工程结算和竣工决算等。工程计价的形式和方式有多种，各不相同，但工程计价的基本原理是相同的。

1. 工程计价的基本方法

工程造价计价的一个主要特点是要按工程分解结构进行，这是由工程项目的固有特性（如：体量不同、体形不一、内容复杂、所需资源各异等）所决定的。将整个工程分解至基本子项，就容易准确地计算出基本子项的费用，且分解结构的层次越多，基本子项也越细，计算得到的费用也就越精确。

如果仅从工程费用计算角度分析，影响工程造价的主要因素有两个，即基本子项的实物工程数量和基本子项的单位价格。

基本子项的单位价格高，工程造价就高；基本子项的实物工程数量大，工程造价也就大。

（1）工程实物数量

工程实物数量或简称工程量，是指工程分解结构内的基本子项以一定计量单位所表示的实物数量，即形成基本子项的实物工程量，反映基本子项实体量的规模和大小。

在进行工程计价时，实物工程量的计量单位是由单位价格的计量单位决定的。编制投资估算时，计价对象即基本子项往往取得较大，单位价格计量单位也就取得较大，如：可能是单项工程或单位工程，甚至是建设项目，即可能以整幢建筑物为计量单位，这时基本子项的数目 n 可能就等于 1，得到的工程估价也就较粗。编制设计概算时，计量单位的对象可以取到单位工程或扩大分部分项工程。编制施工图预算时，则是以分项工程作为计量单位的基本对象，此时工程分解结构的基本子项数目会远远超过投资估算或设计概算的基本子项数目，得到的工程估价也就较细较准确。计量单位的对象取得越小，说明工程分解结构的层次越多，得到的工程估价也就越准确。工程结构分解的差异，是因为人的认识不能超越客观条件，在项目建设前期工作中，特别是在项目决策阶段，人们对拟建项目的筹划难以详尽和具体，因而对工程造价的估价计算也不会很精确，随着工程建设各阶段工作的深化且越接近后期，可掌握的资料越多，人们的认识也就越接近实际，工程分解结构也就可以越细，估价计算的工程造价也就越接近实际造价。由此可见，工程造价预先定价的准确性，取决于人们认识建设项目和掌握实际资料的深度、完整性、可靠性及计价工作的科学性。

基本子项的工程实物数量可以通过项目定义及项目策划的结果或设计图纸计算（工程计量）而得，它可以直接反映工程项目的规模和内容。

（2）单位价格

单位价格是指基本子项的单位产品价格，即一个计量单位的基本子项的价格。

对基本子项的单位价格再做分析，其主要由两大要素构成，即完成基本子项所需资源的数量和相应资源的价格。这里的资源主要是指人工、材料和施工机械的使用。

如果将资源按工、料、机消耗三大类划分，则资源消耗量包括人工消耗量、材料消耗量和机械台班消耗量；资源价格包括人工价格、材料价格和施工机械台班价格。

①资源消耗量。资源消耗量是指完成一个计量单位的基本子项所需消耗的资源的数量。如果将资源消耗按工、料、机三大类划分，则资源消耗量包括人工消耗量、材料消耗量和施工机械台班消耗量。

资源消耗量可以通过历史数据资料或通过实测计算等方法获得，它与劳动生产率、社会生产力水平、技术和管理水平等密切相关。经过长期的收集、整理和积累，可以形成资源消耗量的数据库，通常称为工程定额。工程定额，包括概算定额、预算定额或企业定额等，是工程计价的重要依据。工程项目业主方进行的工程计价主要是依据国家或行业的指导性定额，如：概算定额和预算定额等，其反映的是社会平均生产力水平；而工程项目承包方进行的工程计价则应依据反映本企业技术与管理水平的企业定额。资源消耗量随着生产力的发展而发生变化，因此，工程定额也应不断进行修订和完善。

②资源价格。资源价格是指构成基本子项所需各类资源的价格，包括人工价格、材料价格和施工机械台班价格。

资源价格是影响工程造价的关键要素，工程计价时采用的资源价格应是市场价格。在市场经济体制下，由市场形成价格。市场供求变化、物价变动等，会引起资源价格的变化，从而也会导致工程造价发生变化。

单位价格又可分为工料单位价格和综合单位价格。单位价格如果单由资源消耗量和资源价格形成，其实质上仅为直接工程费单位价格，即工料单价。假如在单位价格中再考虑直接工程费以外的其他各类费用，则构成的是综合单位价格，即综合单价。

2. 工程计价的主要依据

要计算得到工程费用，需要获得基本子项的工程实物量、所需的各种资源、相应资源的消耗量和相应资源的价格。而工程量、资源及其消耗量与价格等的获得，主要来自工程技术文件、工程计价数据及数据库、市场信息与环境条件、工程建设实施方案、工程合同条件等，这些就成为工程计价的主要依据。

（1）工程技术文件

工程计价或估价的对象是工程项目，而反映一个工程项目的规模、内容、标准、功能等的是工程技术文件。根据工程技术文件，才能对工程结构做出分解，得到计价的基本子项。依据工程技术文件，才有可能测算或计算出工程实物量，即通过工程计量，得到基本子项的实物工程数量。因此，工程技术文件是工程计价的重要依据。

在工程建设的不同阶段所产生的工程技术文件是不同的。在建设项目决策阶段，包括项目意向、项目建议书、可行性研究等阶段，工程技术文件表现为项目策划文件、功能描述书、项目建议书或可行性研究报告等。在此阶段的工程估价，即投资估算的编制，主要是依据上述工程技术文件。在初步设计阶段，工程技术文件主要表现为初步设计所产生的初步设计图纸、有关设计资料和技术规格书等。此时的工程估价，即设计概算的编制，主要是以初步设计图纸等有关设计文件资料作为依据。随着工程设计的深入，进入详细设计也即施工图设计阶段，工程技术文件又表现为施工图设计文件和资料，包括建筑施工图纸、结构施工图纸、水电安装施工图纸和其他施工图纸及设计资料。因此，在施工图设计阶段的工程估价，即施工图预算的编制又必须以施工图纸等有关资料为依据。

（2）工程计价数据及数据库

工程计价数据是指工程计价时所必需的资源消耗量数据和资源价格数据，有时也指单位价格数据，而一般来说，通常主要是指资源消耗量数据。如前所述，工程计价数据的长期积累，就可构成工程计价数据库，或称工程定额，其又是工程计价的一个重要依据。

同工程技术文件一样，工程计价数据的粗细程度、精度等也是与工程建设的阶段密切对应的。或者说，工程计价数据库是与工程技术文件相配合、相对应的。在不同的阶段，工程计价采用的计价数据或数据库是不相同的。编制投资估算，只能采用估算指标、历史数据、类似工程数据资料等。编制设计概算，可以采用概算定额或概算指标等。编制施工图预算，可以采用预算定额或综合预算定额等。而工程承包商计算投标报价，则应该采用自己的企业定额。

进行工程计价时，采用反映资源消耗量的计价数据，则主要是将其作为计算基本子项资源用量的依据；如果采用的是反映单位价格的计价数据，则其主要是被用作计算基本子项工程费用的依据。

（3）市场信息与环境条件

资源价格是由市场形成的。工程计价时采用的基本子项所需资源的价格来自市场，随着市场的变化，资源价格亦随之发生变化。因此，工程计价必须随时掌握市场信息，了解市场行情，熟悉市场上各类资源的供求变化及价格动态。这样，得到的工程造价才能反映市场，反映工程建造所需的真实费用。

影响价格实际形成的因素是多方面的，除了商品价值之外，还有货币的价值、供求关系、级差收益及国家政策等，有历史的、自然的甚至心理等方面因素的影响，也有社会经济条件的影响。进行工程计价，一般是按现行资源价格估计的。由于工程建设周期较长，实际工程造价会随时间因价格影响因素的变化而变化。因此，除按现行价格估价外，还需要分析物价总水平的变化趋势，物价变化的方向、幅度等。不同时期物价的相对变化趋势和程度是工程造价动态管理的重要依据。

目前在我国，工程造价的估价主要是指投资估算、设计概算、施工图预算、招标标底价或招标控制价、投标报价和合同价等的编制和确定。对工程造价估价而言，不管是建设项目业主方的工程估价，还是工程承包方的工程估价，估价的基本原理和方式基本相同，主要区别在于估价采用的依据不同。

（二）工程估价及其作用

工程估价主要是在工程开工前对工程造价的预先计算，用以确定目标计划值，其是工程造价策划的重要工作。工程造价策划中的工程估价，主要有项目决策阶段的投资估算、初步设计阶段的设计概算和施工图设计阶段的施工图预算等。

要合理确定和有效控制工程造价，提高投资效益，就必须在整个建设过程中，由宏观到微观、由粗到细分阶段预先计价和定价，也就是按照项目建设程序的划分，在影响工程造价的各主要阶段，分阶段事先定价，上阶段控制下阶段，层层控制，这样才能充分、有效地使用有限的人力、物力和财力资源，这也是由工程建设客观规律和建筑业生产方式特殊性决定的。

1. 项目决策阶段的投资估算

投资估算是在建设项目的投资决策阶段，确定拟建项目所需投资数量的费用计算成果文件。与投资决策过程中的各个工作阶段相对应，投资估算也需要按相应阶段进行编制。编制投资估算的主要目的：一是作为拟建项目投资决策的依据；二是若决定建设项目投资以后，则其将成为拟建项目实施阶段投资控制的目标计划值。

（1）投资估算的阶段划分

投资估算是依据现有的资料和一定的估算方法对建设项目的投资数额进行的估计。由于项目建设投资决策过程可进一步划分为规划阶段、项目建议书阶段、可行性研究阶段、评审阶段，所以投资估算工作也相应分为若干个阶段。不同阶段所具备的条件和掌握的资料、工程技术文件不同，因而投资估算的准确程度不同，进而各个阶段投资估算所起的作用也不同。随着阶段的不断发展，调查研究的不断深入，掌握的资料越来越丰富，工程技术文件越来越完善，投资估算逐步准确，其所起的作用也越来越重要。投资估算的准确性应达到规定的深度，否则，必将影响到拟建项目前期的投资决策，而且也直接关系到下一阶段初步设计概算、施工图预算的编制及项目建设期的造价管理和控制。

（2）投资估算的作用

对任何一个拟建项目，都要通过全面的市场性、技术性和经济性论证后，才能决定其是否正式立项。在拟建项目全面论证过程中，除考虑国家经济发展上的需要和技术上的可行性外，还要考虑经济上的合理性。建设项目的投资估算是在拟建项目前期各阶段工作中，作为论证拟建项目在经济上是否合理的重要经济文件。因此，它具有以下主要作用：

①项目建议书阶段的投资估算，是项目主管部门审批项目建议书的依据之一，并对项目的规划、规模控制起参考作用。

②项目可行性研究阶段的投资估算是项目投资决策的重要依据，也是研究、分析、计算项目投资经济效果的重要条件。当可行性研究报告被批准之后，其投资估算额就作为设计任务中下达的投资限额，即作为建设项目投资目标计划值的限额，不得随意突破。

③项目投资估算对工程设计概算起控制作用，设计概算不得突破批准的投资估算额，其应被控制在投资估算额以内。

④项目投资估算可作为项目资金筹措及制订建设贷款计划的依据，建设单位可根据批准的投资估算额，进行资金筹措和向银行申请贷款。

⑤项目投资估算是核算建设项目固定资产投资需要额和编制固定资产投资计划的重要依据。

⑥项目投资估算是进行设计方案竞赛、委托设计和优选设计单位的依据。在进行项目设计方案竞赛或委托设计时，设计单位报送的文件中，除了具有设计方案的图纸说明、建设工期等外，还包括项目的投资估算和经济性分析，以便衡量设计方案的经济合理性。

⑦项目投资估算是实行限额设计的依据。实行建设项目限额设计，要求设计者必须在一定的投资额范围内确定设计方案，以便控制项目建设的标准。

（3）投资估算的特点

投资估算是拟建项目前期工作的重要内容之一。一个工程项目在确定是否建设之前，总是要对其进行规划、构思和可行性论证的。经综合论证后，如果拟建项目的市场需求是充分的，技术是先进、适用和可靠的，建设条件是可能的和协调的，经济上的效益是较佳的，这时才能正式立项列入建设计划。投资估算是项目建设前期各个阶段工作中作为论证拟建项目在经济上是否合理的重要文件和基础。但是，在项目建设前期工作阶段，由于条件限制、不可预见因素多、技术条件不具体等，所以拟建项目投资估算具有以下特点：

①估算条件轮廓性大，假设因素多，技术条件内容粗浅。

②估算技术条件伸缩性大，估算工作难度也大，而且反复次数多。

③估算数值误差性大，准确程度低。

④估算工作涉及面广，政策性强，对估算人员的业务素质要求高。

由于拟建项目前期工作条件的限制，投资估算的难度较大。

2. 初步设计阶段的设计概算

在做出项目投资决策以后，建设项目就进入实施阶段。首先是开始工程设计的工作。设计阶段工程造价的管理是要用项目决策阶段的投资估算，指导工程设计的进行，控制与工程设计结果相对应的工程造价费用，使设计阶段形成的项目投资费用数能够被控制在投资估算允许的浮动范围以内。

对应工程的设计阶段，有确定工程造价费用的成果文件；在初步设计阶段，需要编制设计概算；在技术设计阶段，需要编制修正概算；在施工图设计阶段，需要编制施工图预算。设计概算、修正概算、施工图预算均是工程设计文件的重要组成部分，是确定和反映建设项目在各相应设计阶段的内容及工程建造所需费用的文件。

设计概算是确定与初步设计文件结果相对应的工程造价费用的文件。设计概算的作用主要如下：

①设计概算是确定建设项目、各单项工程及各单位工程造价的依据。按照规定报请主管部门或单位批准的初步设计及设计概算（总概算），一经批准，即作为建设项目总造价的最高限额，不得任意突破，必须突破时，须报原审批部门（单位）批准。

②设计概算是编制投资计划的依据。根据批准的设计概算编制建设项目年度固定资产投资计划，并严格控制投资计划的实施。若建设项目实际投资数额超过了总概算，那么，必须在原设计单位和建设单位共同提出追加投资的申请报告基础上，经上级主管部门审核批准后，方能追加投资。

③设计概算是进行拨款和贷款的依据。商业银行根据批准的设计概算和年度投资计划进行拨款和贷款，并严格实行监督控制。对超出概算的部分，未经主管部门批准，银行不得追加拨款和贷款。

④设计概算是考核设计方案的经济合理性和控制施工图设计工作及其施工图预算的依据。设计单位根据设计概算进行技术经济分析和多方案评价，以提高设计质量和经济效益，同时保证施工图预算被控制在设计概算的范围以内。

3. 施工图设计阶段的施工图预算

施工图预算是根据施工图设计文件，确定相应的实现建设项目所需造价费用的文件。施工图预算是在施工图设计完成后，以施工图为对象，根据预算定额、人工、材料、机械台班的市场价格或预算价格、取费标准等，以一定的方法进行编制的。施工图预算的主要作用如下：

①施工图预算是落实或调整年度建设计划的依据。由于施工图预算比设计概算更具体和切合实际，因此，可据以落实或调整年度投资计划。

②在委托工程承包时，施工图预算是签订工程承包合同的依据。建设单位和施工承包单位双方以施工图预算为基础，签订工程承包合同，明确甲、乙双方的经济责任。

③在委托工程承包时，施工图预算是办理财务拨款、工程贷款和工程结算的依据。建设单位和施工单位在施工期间按施工图预算或合同价款，以及工程实际进展等办理工程款项支付和结算。单项工程或建设项目竣工后，也以施工图预算为主要依据，办理竣工结算。

④施工图预算是施工单位编制施工计划的参考。施工图预算工料统计表，列出了单位工程的各类人工、材料和施工机械的需要量，施工单位据以编制施工计划，控制工程成本，进行施工准备活动。

⑤施工图预算是加强施工企业实行经济核算的依据。施工图预算所确定的工程预算造价，是建筑安装施工企业生产产品的预算价格。建筑安装施工企业必须在施工图预算范围内加强经济核算，降低成本，才能增加盈利。

⑥施工图预算是工程招标投标的重要依据。一方面，施工图预算是建设单位在实行工程招标时确定“标底”的基础；另一方面，也是施工单位参加投标时报价的参照。

（三）工程造价管理实施策划

工程造价管理实施策划形成工程造价管理实施方案，其是用于指导工程建造过程中开展工程造价控制活动的管理工作文件，是为了把工程造价管理任务付诸实施而形成的具有可操作性和指导性的实施方案。工程造价管理实施策划，要详细分析实施中的组织、方法和流程等问题，根据工程的具体特点和情况，制定控制工程造价管理实施的相关措施，明确建设各阶段造价控制的工作内容与重点。

工程造价管理实施策划属于业主方项目管理的工作范畴，其内容涉及的范围和深度，在理论上和工程实践中并没有统一的规定，应视工程项目的特点而定。工程造价管理实施策划的主要工作内容，包括工程造价管理实施的组织策划、目标控制策划等。

1. 管理组织策划

工程造价管理实施的组织策划是指为确保工程造价目标的实现，在建设项目开始实施之前及项目实施前期，针对工程项目的建造过程，逐步建立一整套项目实施期的科学化、规范化的管理模式和方法，即对整个建设项目实施过程中涉及工程造价的管理组织结构、任务分工和管理职能分工、工作流程等进行定义，为工程造价管理的实施服务。

工程造价管理的组织策划是在整个工程项目的项目组织与管理总体方案基础上编制的，是基于工程造价的控制对项目组织与管理总体方案的进一步深化。工程造价管理的组织方案是工程项目参与各方开展工程造价管理工作必须遵守的指导性文件。

2. 目标控制策划

工程造价目标控制策划是工程造价管理实施策划的重要内容，是按照动态控制理论、依据工程造价目标规划，制订工程建造实施过程中的造价目标控制的方案与实施细则。

工程造价目标控制策划的依据，包括工程造价总目标及其工程估价文件、各类工程建设文件和设计图纸资料、工程分解结构、工程建造内外部环境分析、工程造价管理组织策划、工程合同的有关数据和资料等。工程造价目标控制策划应从系统的角度出发，全面把握控制目标，以控制循环理论为指导，明确工程造价目标控制体系的重心，采用灵活的控制方法、手段、措施和工具，将主动控制与被动控制相结合。

工程造价目标控制并非纯经济工作范畴，拟采取控制措施的策划应从多个方面综合考虑，包括组织措施、技术措施、经济措施和管理措施等的策划。

①组织措施通过对项目系统内有关组织的结构进行合理安排、对不同组织的工作进行协调，改变项目管理组织的状态，从而实现对工程造价管理实施过程的调整和控制。相应措施的策划如：选用合适的项目管理组织结构；明确并落实项目管理班子中“工程造价控制者（部门）”的人员、任务及管理职能分工；落实设计方案竞赛、设计委托的管理组织准备；从工程造价控制角度落实进行设计跟踪的人员、具体任务及管理职能分工，包括设计挖潜、设计审核、概预算审核、付款复核（设计费复核）、造价目标计划值与实际值比较及工程造价控制报表数据处理等；外部专家做技术经济比较、设计挖潜的管理组织；落实从工程造价控制角度参加招标工作、评标工作、合同谈判工作的人员、具体任务及管理职能分工。在项目管理班子中落实从工程造价控制角度进行施工跟踪的人员、具体任务（包括工程计量、付款复核、变更管理、索赔管理、计划值与实际值比较及工程造价控制报表数据处理、资金使用计划的编制及执行管理等）及管理职能分工，制定各阶段、各类工程造价管理和控制的工作流程，等等。

②技术措施是在工程造价目标控制中从技术方面对有关的工作环节进行分析、论证，或者进行调整、变更，确保控制目标的实现。相应措施的策划如：明确对可能的主要技术方案进行初步技术经济比较论证的措施；落实对设计任务书中的技术问题和技术数据进行技术经济的分析或审核；进行技术经济比较，通过比较寻求设计挖潜（节约投资）的可能，必要时组织专家论证，进行科学试验；对各投标文件中的主要施工技术方案做必要的技术经济比较论证；对设计变更进行技术经济比较；寻求通过设计挖潜节约投资的可能；等等。

③经济措施是从项目资金安排和使用的角度对项目实施过程进行调节、控制，保证控制目标的完成。相应措施的策划如：对影响工程造价目标实现的风险进行分析，确定风险管理措施；确定收集与控制造价有关的数据（包括类似项目的数据、市场信息等）的方法、手段或工具；编制设计准备阶段详细的费用支出计划，明确控制其执行的方式方法；随设计的进展进行相应造价费用跟踪（动态控制）；编制设计阶段详细的费用支出计划，明确控制其执行的方式方法；定期提供工程造价控制报表，以反映造价目标计划值和实际值的比较结果、造价目标计划值和已发生的资金支出值（实际值）的比较结果；落实招标文件中与造价有关的内容，包括工程量清单等审核的措施、进行工程计量（已完成的实物工程量）复核的措施，明确复核工程付款账单的流程和方法；编制施工阶段详细的费用支出计划，明确控制其执行的方式方法；等等。

④管理（合同）措施是利用合同策划和合同管理所提供的各种控制条件对项目实施组

织进行控制，从而实现对项目实施过程的控制，保证项目目标的实现。相应措施的策划如：分析比较各种承发包可能模式与工程造价控制的关系，采取合适的承发包模式；落实从工程造价控制角度考虑项目的合同结构，选择合适的合同结构，参与设计合同谈判；应用限额设计、价值工程方法，向设计单位说明在给定的造价目标范围内进行设计的要求；以合同措施鼓励设计单位在广泛调研和科学论证基础上优化设计；明确工程承包合同谈判时，如何把握住合同价计算、合同价调整、付款方式等条款；分析合同条款的内容，着重分析和造价相关的合同条款；编制进行索赔管理、变更控制的方法和流程；明确视需要及时进行合同修改和补充工作的方式，着重考虑应对造价控制影响的措施；等等。

四、工程造价控制

工程造价控制就是根据动态控制原理，以工程造价策划的目标计划值，控制工程建造过程中发生的实际造价，最终实现工程造价的目标。

工程造价控制的目的和关键，是要保证建设项目造价目标尽可能好地实现。工程造价的策划或规划为工程项目的建设制订了造价的目标计划值及控制的实施方案，可以说，工程造价策划为建设项目建起了一条通向项目目标的理论轨道。当建设项目进入实质性启动阶段以后，项目的实施就开始进入预定的计划轨道。这时，工程造价管理的中心活动就变为工程造价目标的控制。

为确保固定资产投资计划的顺利完成，保证建设工程造价不突破批准的投资限额，对工程造价必须按项目建设程序实行层层控制。在建设全过程中，批准的可行性研究报告中的投资估算，是拟建项目造价的计划控制值；批准的初步设计概算是控制工程造价的最高限额；其后各阶段的工程造价均应控制在上阶段确定的造价限额之内，无特殊情况，不得任意突破。

（一）工程造价控制的目标计划值

控制是为确保目标的实现而服务的，一个系统若没有目标，就不需要也无法进行控制。目标的设置应是很严肃的，应有科学的依据。

工程项目建设过程是一个周期长、数量大的生产消费过程，建设者在一定时间内占有的经验知识是有限的，不但常常受着科学条件和技术条件的限制，而且也受着客观过程的发展及其表现程度的限制（客观过程的方面及本质尚未充分暴露），因而不可能在工程项目建设开始，就能设置一个科学的、一成不变的工程造价控制目标计划值，而只能设置一个大致的工程造价控制目标计划值，这就是投资估算。随着工程建设实践、认识、再实践、再认识，工程造价控制目标一步步清晰、准确，这就是设计概算、施工图预算、承包合同价等。也就是说，工程造价控制目标计划值的设置应随着工程项目建设实践的不断深入而分阶段设置，具体来讲，投资估算应是设计方案选择和进行初步设计的建设项目造价控制目标计划值；设计概算应是进行技术设计和施工图设计的工程造价控制目标计划值；施工图预算或工程承包合同价则应是施工阶段控制建筑安装工程造价的目标计划值。有机联系的阶段目标计划值相互制约，相互补充，前者控制后者，后者补充前者，共同组成工程造价控制的目标计划值系统。

目标要既有先进性又有实现的可能性，目标水平要能激发执行者的进取心和充分发挥他们的工作能力。若目标水平太低，如对建设项目投资高估冒算，则对建造者缺乏激励性，建造者亦没有发挥潜力的余地，目标形同虚设；若水平太高，如在建设项目立项时投资就留有缺口，建造者一再努力也无法达到，则可能产生灰心情绪，使工程造价控制成为一纸空文。

（二）工程造价控制的重点

工程造价控制贯穿于项目建设全过程，这一点是没有异议的，但是必须重点突出。影响项目投资最大的阶段，是约占工程项目建设周期1/4的技术设计结束前的工作阶段。在初步设计阶段，影响项目投资的可能性为75%~95%；在技术设计阶段，影响项目投资的可能性为35%~75%；在施工图设计阶段，影响项目投资的可能性则为5%~35%。显然，工程造价控制的关键在于施工以前的投资决策和设计阶段，而在项目做出投资决策后，控制工程造价的关键就在于设计阶段。建设项目全寿命费用包括项目投资和项目交付使用后的经常开支费用（含经营费用、日常维护修理费用、使用期内大修理和局部更新费用）及项目使用期满后的报废拆除费用等。据国外一些专家的分析，设计费一般只相当于建设项目全寿命费用的1%以下，但正是这少于1%的费用却基本决定了几乎全部随后的费用。由此可见，设计质量对整个建设项目的效益是何等重要。

长期以来，人们普遍忽视建设项目前期工作阶段的工程造价控制，而往往把控制工程造价的主要精力放在施工阶段——审核施工图预算、结算工程价款、算细账。这样做，尽管也有效果，但毕竟是“亡羊补牢”，事倍功半。要有效地控制工程造价，就要坚决地把工作重点转到建设前期阶段上来，尤其是要抓住工程设计这个关键阶段，未雨绸缪，以取得事半功倍的效果。

（三）工程造价控制的类型

传统决策理论是建立在绝对逻辑基础上的一种封闭式决策模型，它把人看作具有绝对“理性的人”或“经济人”，在决策时，会本能地遵循最优化原则（即取影响目标的各种因素的最有利的值）来选择实施方案。

一般说来，项目管理者在项目建设时的基本任务是对建设项目的建设工期、工程造价和工程质量进行有效的控制。项目管理的理想结果是所建项目达到建设工期最短、投资最省、工程质量最高。但是这就如同要求"一枪射出三靶皆中"，只能是一种理想的要求，实际几乎是不可能予以实现的。由项目的三大目标组成的目标系统，是一个相互制约、相互影响的统一体，其中任何一个目标的变化，势必会引起另外两个目标的变化，并受到它们的影响和制约。比如说，项目建设如果强调质量和工期，那对工程造价则不能要求过严。如果要求建设项目同时做到投资省、工期短、质量高，对三者则不可能苛求。为此，在进行工程项目管理时，则应根据业主的要求、建设的客观条件进行综合研究，实事求是地确定一套切合实际的衡量准则。只要工程造价控制的方案符合这套衡量准则，取得令人满意的结果，就可以说工程造价控制达到了预期的目标。

长期以来，人们一直把控制理解为目标计划值值与实际值的比较，以及当实际值偏离目标计划值时，分析其产生偏差的原因，并确定下一步的对策。在工程项目建设全过程进行这样的工程造价控制当然是有意义的。但问题在于，这种立足于调查—分析—决策基础之上的偏离—纠偏—再偏离—再纠偏的控制方法，只能发现偏离，不能使已产生的偏离消失，不能预防可能发生的偏离，因而只能说是被动控制。人们将系统论和控制论的研究成果用于项目管理后，将"控制"立足于事先主动地采取决策措施，以尽可能地减少以至于避免目标计划值与实际值的偏离，这是主动、积极的控制方法，因此被称为主动控制。也就是说，工程造价控制不仅要反映投资决策，反映设计、采购和施工，被动地控制工程造价，更要能动地影响投资决策，影响设计、采购和施工，主动地控制工程造价。

（四）工程造价控制的措施

要有效地控制工程造价，应从组织、技术、经济、管理与信息管理等多方面采取措施。从组织上采取的措施，包括明确项目组织结构，明确工程造价控制者及其任务，以使工程造价控制有专人负责，明确管理职能分工；从技术上采取措施，包括重视设计多方案选择，严格审查监督初步设计、技术设计、施工图设计、施工组织设计，深入技术领域研究节约投资的可能；从经济上采取的措施，包括动态地比较工程造价的计划值和实际值，严格审核各项费用支出，采取对节约投资的有力奖励措施；从管理上采取的措施，包括应用限额设计、价值工程等方法，控制工程设计阶段的设计工作等。

应该看到，技术与经济相结合是控制工程造价最有效的手段。长期以来，在我国工程建设领域，技术与经济相分离。许多国外专家指出，跟外国同行相比，中国工程技术人员的技术水平、工作能力、知识面几乎不分上下，但他们缺乏经济观念，设计思想保守，设计规范、施工规范落后。国外的技术人员时刻考虑如何降低工程造价，而中国技术人员则把它看成与已无关的财会人员的职责。而财会、概预算人员的主要责任是根据财务制度办事，他们不熟悉工程知识，也较少了解工程进展中的各种关系和问题，往往单纯地从财务制度角度审核费用开支，难以有效地控制工程造价。为此，需要以提高项目投资效益为目的，在工程建设过程中把技术与经济有机结合，要通过技术比较、经济分析和效果评价，正确处理技术先进与经济合理两者之间的对立统一关系，力求在技术先进条件下的经济合理，在经济合理基础上的技术先进，把控制工程造价观念渗透到各项设计和施工技术措施之中。

（五）建设各阶段工程造价的控制

在项目建设过程中，工程造价管理应对建设全过程的造价控制负责，严格按批准的可行性研究报告中规定的建设规模、建设内容、建设标准、建设工期和批准的建设项目总投资进行建设，按照国家有关工程建设招标投标管理的法律、法规，组织设计方案竞赛、施工招标、设备采购招标等，努力把工程造价控制在批准的造价总目标以内。

①建设项目投资决策阶段的主要任务是要对拟建项目进行策划，并对其可行性进行技术经济分析和论证，从而做出是否进行投资的决策。此阶段的工程造价管理是要参与建设项目的经济评价工作，在项目建议书及可行性研究报告阶段，编制拟建项目的投资估算，对拟建项目投入产出的各种经济因素进行调查、分析、研究、计算和论证，挑选和推荐最佳的项目建设方案。

②设计阶段是工程造价控制的重点。仅就工程造价费用而言，进行工程造价控制是要以投资估算控制初步设计的工作；以设计概算控制施工图设计的工作。如果设计概算超出投资估算，应对初步设计进行调整和修改。同理，如果施工图预算超过设计概算，应对施工图设计进行修改或修正。通过对设计过程中所形成的工程造价费用的层层控制，以实现拟建项目的工程造价控制目标。

要在设计阶段有效地控制工程造价，是从组织、技术、经济、管理等各方面采取措施，随时纠正发生的投资偏差。技术措施和技术方法在设计阶段的工程造价控制中起着极为重要和积极的作用，如：执行设计标准与标准设计、应用价值工程、采用限额设计方法等。

③施工准备阶段的工程造价控制，是以工程设计文件为依据，结合工程施工的具体情况，参与工程招标文件的制定，编制招标工程的标底或招标控制价，选择合适的合同计价方式，确定工程承包合同的价格。

④施工阶段的造价控制一般是指在建设项目已完成施工图设计，并完成招标阶段工作和签订工程承包合同以后，在施工阶段进行工程造价控制的工作。施工阶段工程造价控制的基本原理是把施工图预算或工程合同价格作为工程造价控制的目标计划值，在工程施工过程中定期进行工程造价实际值与目标计划值的比较，通过比较发现并找出实际支出额与工程造价控制目标计划值之间的偏差，然后分析产生偏差的原因，并采取有效措施加以控

制，以保证工程造价控制目标的实现。

在施工阶段，需要编制资金使用计划，合理地确定实际工程造价费用的支出；以严格的工程计量，作为结算工程价款的依据；以施工图预算或工程合同价为控制目标计划值，合理确定工程结算，控制工程进度款的支付；严格控制工程变更，合理确定工程变更价款。工程结算是在工程施工阶段，施工单位根据工程承包合同的约定而编制的确定应得工程价款的文件。工程结算经造价工程师审核通过后，建设单位就按此向施工单位支付工程价款。对于建设单位来说，工程结算的作用一是在施工过程中按施工单位实际完成的工作量支付并控制工程的进度款，二是通过工程结算来确定实际工程造价费用。工程竣工结算，是指在工程竣工验收以后，建设单位和施工单位最终结清工程价款，确定实际工程造价（主要为建筑安装工程费用）的文件。工程竣工结算一般是由施工单位编制提交建设单位，建设单位进行审核，也可委托工程造价咨询单位进行审价。

⑤在竣工验收阶段，按有关规定编制竣工决算，计算确定整个建设项目从筹建到全部竣工的实际工程造价。以设计概算为目标，对建设全过程中的工程造价及其管理工作进行全面总结评价。竣工决算是反映工程项目建设成果和财务情况的总结性文件，其中的一个重要编制内容是归纳计算实际发生的工程造价，即整个工程项目的建设完成所需花费支出的实际总投资通过竣工决算最后确定。竣工决算由建设单位进行编制。

第三节 工程造价管理的发展

一、工程造价管理的产生和发展

工程造价管理是随着社会生产力的发展及随着社会经济和管理科学的发展而产生和发展的。

从历史发展和发展的连续性来说，在生产规模狭小、技术水平低下的小商品生产条件下，生产者在长期劳动中会积累起生产某种产品所需要的知识和技能，也获得生产一件产品需要投入的劳动时间和材料方面的经验。这种经验，也可以通过从师学艺或从先辈那里得到。这种存在于头脑或书本中的生产和管理经验，也常运用于组织规模宏大的生产活动之中，在古代的土木建筑工程中尤为多见，如：埃及的金字塔，我国的长城、都江堰和赵州桥等，不但在技术上使今人为之叹服，就是在管理上也可以想象其中不乏科学方法的采用。北宋时期丁渭修复皇宫工程中采用的挖沟取土、以沟运料、废料填沟的办法，其所取得的“一举三得”的显效，可谓古代工程管理的范例。其中也包括算工、算料方面的方法和经验。

现代工程造价管理产生于市场经济与社会化大生产的出现，最先是产生在现代工业发展最早的英国，技术发展促使大批工业厂房的兴建，许多农民在失去土地后向城市集中，需要大量住房，从而使建筑业逐渐得到发展，设计和施工逐步分离为独立的专业。工程数量和工程规模的扩大要求有专人对已完工程量进行测量、计算工料和进行估价。从事这些工作的人员逐步专门化，并被称为工料测量师（Quantity Surveyor，QS）。他们以工匠小组的名义与工程委托人和建筑师洽商、估算和确定工程价款，工程造价管理由此产生。

西方工业化国家在工程建设中开始施行招标投标和承包方式，工程建设活动及其管理的发展，要求工料测量师在工程设计以后和开工以前就进行测量和估价，根据图纸算出实物工程量并汇编成工程量清单，为招标者确定标底或为投标者做出报价。从此，工程造价管理逐渐形成了独立的专业。工程委托人能够做到在工程开工之前，预先了解到需要支付的投资额，但是还不能做到在设计阶段就对工程项目所需的投资进行准确预计，并对设计进行有效的监督和控制。因此，往往在招标时或招标后才发现，根据当时完成的设计，工程费用过高，投资不足，不得不中途停工或修改设计。业主为了使投资花得明智并用在恰当之处，为了使各种资源得到最有效的利用，迫切要求在设计的早期阶段以至于在做项目投资决策时，就开始进行投资估算，并对设计进行控制。工程造价策划技术和分析方法的应用，使工料测量师在设计过程中有可能相当准确地做出概预算，甚至可在设计之前即做出估算，并可根据工程委托人的要求使工程造价控制在限额以内。这样，一个“投资计划”和控制实践就在英国等工业发达的国家应运而生，完成了工程造价管理的第二次飞跃。工程承包企业为适应市场的需要，也强化了自身的造价管理和成本控制工作。

工程造价管理是随着市场经济和工程建设管理的发展而产生并日臻完善的。这个发展过程可归纳如下：

①从事后算账发展到事先算账。即从最初只是消极地反映已完工程量的价格，逐步发展到在开工前进行工程量的计算和估价，进而发展到在初步设计时提出概算，在可行性研究时提出投资估算，成为业主进行投资决策的重要依据。

②从被动地反映设计和施工发展到能动地影响设计和施工。最初负责施工阶段工程造价的确定和结算，以后逐步发展到在设计阶段、投资决策阶段对工程造价做出预测，并对设计和施工过程中投资的支出进行监督和控制，进行工程建设全过程的造价管理。

③从依附于施工者或建筑师发展成一个独立的专业。如在英国，有专业学会，有统一的专业人士的称谓认定和职业守则，不少高等院校也开设了工程造价管理专业，培养工程造价管理的专门人才。

二、我国工程造价管理体制和模式的改革

随着经济体制改革的深入，我国工程造价管理的模式发生了很大变化，主要表现在以下九个方面：

①重视和加强项目决策阶段的投资估算工作，努力提高可行性研究报告投资控制数的准确度，切实发挥其控制建设项目总造价的作用。

②明确概预算工作不仅要反映设计、计算工程造价，更要能动地影响设计、优化设计，并发挥控制工程造价、促进合理使用建设资金的作用。工程造价管理人员与设计人员要密切配合，做好多方案的技术经济比较，通过优化设计来保证设计的技术经济合理性。要明确规定设计单位逐级控制工程造价的责任制，并辅以必要的奖罚制度。

③从建筑产品也是商品的认识出发，以价值为基础，确定建设工程造价及所含的建筑安装工程的费用，使工程造价的构成合理化，逐渐与国际惯例接轨。

④把竞争机制引入工程造价管理体制，打破以行政手段分配建设任务和设计施工单位依附于政府主管部门吃大锅饭的体制，冲破条条割裂、地区封锁，在相对平等的条件下进行招标承包，择优选择工程承包公司、设计单位、施工企业和设备材料供应单位，以促使这些单位改善经营管理，提高应变能力和竞争能力，降低工程造价。

⑤提出用“动态”方法研究和管理工程造价。研究如何体现项目投资额的时间价值，要求各地区各部门工程造价管理机构要定期公布各种设备、材料、人工、机械台班的价格指数及各类工程造价指数，尽快建立地区、部门及全国的工程造价管理信息系统。

⑥提出要对工程造价的估算、概算、预算、承包合同价、结算价、竣工价、竣工决算实行“一体化”管理，并研究如何建立一体化的管理制度。

⑦对工程造价咨询单位进行资质管理，促进工程造价咨询业务健康发展。

⑧推行造价工程师执业资格制度，以提高工程造价专业人员的素质，确保工程造价管理工作的质量。

⑨中国建设工程造价管理协会及其分支机构在各省、市、自治区各部门普遍建立并得到长足发展。

随着改革的不断深化和社会主义市场经济体制的建立，原有一套工程造价管理体制已不能适应市场经济发展的需要，要求重新建立新的工程造价的管理体制。这里的改革不是对原有体系的修修补补，而是要有质的改变。但这种改变又不是“毕其功于一役”、一蹴而就的，需要分阶段、逐步地进行。

初始，工程造价管理体制改革的目标是要在统一工程量计量规则和消耗量定额的基础上，遵循市场经济价值规律，建立以市场形成价格为主的价格机制，企业依据政府和社会咨询机构提供的市场价格信息和造价指数，结合企业自身实际情况，自主报价，通过市场价格机制的运行，形成统一、协调、有序的工程造价管理体系，达到合理使用投资、有效地控制工程造价、取得最佳投资效益的目的，逐步建立起适应社会主义市场经济体制，符合中国国情与国际惯例接轨的工程造价管理体制。

据此，制定了全国统一的工程量计算规则和消耗量基础定额，各地普遍制定了工程造价价差管理办法，在计划利润的基础上，按工程技术要求和施工难易程度划分工程类别，实现差别利润率，各地区、各部门工程造价管理部门定期发布反映市场价格水平的价格信息和调整指数。有些地方建立了工程造价咨询机构，并已开始推行造价工程师执业资格制度等。这些改革措施对促进工程造价管理、合理控制投资起到了积极的作用，向最终的目标迈出了踏实的一步。

工程造价改革中的关键问题，要实现量、价分离，变指导价为市场价格，变指令性的政府主管部门调控收费及其费率为指导性，由企业自主报价，通过市场竞争予以定价。改变计价定额属性，这不是不要定额，而是改变定额作为政府的法定行为，采用企业自行制定定额与政府指导性相结合的方式，并统一项目费用构成，统一定额项目划分，使计价基础统一，有利竞争。要形成完整的工程造价信息系统，充分利用现代化通信手段与计算机大存储量和高速的特点，实现信息共享，及时为企业提供材料、设备、人工价格信息及造价指数。要确立咨询业公正、中立的社会地位，发挥咨询业的咨询、顾问作用，逐渐代替政府行使造价管理的职能，也同时接受政府工程造价管理部门的管理和监督。

在这之后，造价管理将进入完全的市场化阶段，政府行使协调监督的职能。通过完善招投标制，规范工程承发包和勘察设计招标投标行为，建立统一、开放、有序的建筑市场体系。社会咨询机构独立成为一个行业，公正地开展咨询业务，实施全过程的咨询服务。建立起在国家宏观调控的前提下，以市场形成价格为主的价格机制。根据物价变动、市场供求变化、工程质量、完成工期等因素，对工程造价依照不同承包方式实行动态管理，建立与国际惯例接轨的工程造价管理体制。

实行工程量清单计价，是工程造价计价方式及其管理的重大改革，使工程造价管理模式向市场化方向前进了一大步。采用工程量清单计价方式，符合市场经济的基本原则，使市场在资源配置中起决定性作用。工程量清单计价是国际通行的做法，是政府转变职能的有效途径，有利于构筑公开、公平、公正的建筑市场和竞争环境。

第四节　造价工程师

按我国现行规定，造价工程师是指通过全国造价工程师执业资格统一考试，或者通过资格认定或资格互认，取得中华人民共和国造价工程师执业资格并注册，取得中华人民共和国造价工程师注册执业证书和执业印章，从事工程造价管理活动的专业人员。

未取得注册证书和执业印章的人员，不得以注册造价工程师的名义从事工程造价管理活动。

一、造价工程师应具备的能力

执业资格是对某些责任较大，社会通用性强，关系公共利益的专业技术工作实行的准入控制，是专业技术人员依法独立从事某种专业技术工作学识、技术和能力的必备标准。

造价工程师一般应具备以下主要能力：

①了解所建工程的功能或工艺过程，一名造价工程师应受过专门的设计训练，至少必须熟悉拟建工程项目的功能要求和使用要求，或生产性项目的工艺过程和流程，这样才有可能与设计师、承包单位共同讨论相关技术问题。

②对土木工程或房屋建筑及其施工技术等具有一定的知识，要了解各分部工程所包括的具体内容，了解指定的设备和材料性能并熟悉施工现场各工种的职能。

③能够采用现代经济分析方法，对拟建项目计算期（含建设期和生产期）内投入产出诸多经济因素进行调查、预测、研究、计算和论证，从而选择、推荐较优方案作为投资决策的重要依据。

④能够运用价值工程等技术经济方法，组织评选设计方案，优化设计，使设计在达到必要功能的前提下，有效地控制项目投资。

⑤具有对工程项目估价（含投资估算、设计概算、施工图预算）的能力，当从设计方案和图纸中获得必要的信息以后，造价工程师能够使工作具体化并将所估价的准确度控制在一定范围以内。从项目委托阶段一直到谈判结束及处理承包单位的索赔都需要做出不同程度的估价，因而估价是造价工程师最重要的专长之一，也是一门通过大量实践才可以熟练掌握的技能。

⑥根据设计图纸和现场情况具有计算工程量的能力，这是估价必不可少的，而做好此项工作并不那么容易，计算实物工程量并不是一般的数学计算，更是需要有工程背景，需要对工程有深刻的理解，有许多计算对象和内容往往隐含在设计图纸之中。

⑦需要对合同协议有确切的了解；当需要时，能对协议中的条款给出咨询意见，在可能引起争论的范围内，要有与承包单位谈判的才能和技巧。

⑧对有关法律有确切的了解，不能期望造价工程师又是一个律师，但是其应该具有足够的法律基础训练，以了解如何完成一项具有法律约束力的合同，合同各个部分的内涵及合同履约方所承担的义务和责任。

⑨有获得价格、成本费用信息和资料的能力，以及使用这些资料的方法。这些资料有多种来源，包括公开发表的价目表和价格目录、工程报价、类似工程的造价资料、由专业团体出版的价格资料和政府发布的价格信息等。造价工程师应能熟练运用这些资料，并考虑到工程项目具体地理位置、当地资源价格、到现场的运输条件和运费及所得价格波动情况等，从而确定并控制工程造价。

二、造价工程师的工作内容

造价工程师的工作内容，就是在工程建设的全过程中对工程造价进行策划和控制，尽可能好地实现工程造价目标。

①在建设前期阶段，对建设项目的功能要求、使用要求进行分析，做出准确的项目定义，以此为基础进行项目的投资定义，编制投资估算；进行建设项目的可行性研究，对拟建项目进行财务评价（微观经济评价）、国民经济评价（宏观经济评价）、环境和社会影响评价。

②在设计阶段，提出设计要求和设计任务书，组织进行方案设计竞赛，采用技术经济方法组织评选设计方案；协助选择勘察、设计单位，商签勘察、设计合同并组织实施。在设计过程中，以可行性研究报告中被批准的投资估算为造价目标计划值，控制方案设计、初步设计，以被批准的设计概算为造价目标计划值控制施工图设计的工作；编制或审查设计概算和施工图预算。

③在施工招标阶段，参与招标文件的编制，估算招标工程的预期价格（标底或招标控制价）；准备与发送招标文件，协助评审投标书，提出决标意见；参加合同谈判，选择合适的合同价格形式，确定工程承包合同价，协助签订工程承包合同。

④在施工阶段，审查承建单位提出的施工组织设计、施工技术方案和施工进度计划，提出改进意见；督促检查工程承包单位严格执行工程承包合同，调解建设单位与承包单位之间的争议，合理确定索赔费用；检查工程进度和施工质量，验收分部分项工程，按承包单位实际完成的工程量，签署工程付款凭证，审查工程结算；以合同价为基础，同时考虑物价的变化、设计中难以预计的在施工阶段实际增加的工程和费用，确定工程结算，严格控制工程实际费用的支出。

⑤在竣工验收阶段，参与工程竣工，提出验收报告；编制竣工决算，全面汇集在工程建设过程中实际花费的全部费用，如：实体现建设项目的实际总投资，总结分析工程建设和投资控制工作的经验。

综上所述，工程的造价管理，即工程造价策划与工程造价控制贯穿于工程建设的各个阶段，贯穿于造价工程师工作的各个环节，是对工程造价进行系统性、整体性的管理。造价工程师因工作过失而造成重大事故，则要对事故的损失承担一定的责任。

三、我国造价工程师管理制度

我国对造价工程师实行注册执业管理制度。成为造价工程师，必须通过全国造价工程师执业资格统一考试，取得造价工程师执业资格；并按规定进行注册，取得中华人民共和国造价工程师注册执业证书和执业印章。

（一）执业资格考试

造价工程师执业资格考试实行全国统一大纲、统一命题、统一组织的办法，原则上考试每年举行一次。

目前，造价工程师执业资格考试共设四个科目：《建设工程造价管理》《建设工程计价》《建设工程技术与计量》（土建或安装专业）和《建设工程造价案例分析》。参加考试的人员，须在连续两个考试年度通过全部科目。

①建设工程造价管理科目的考试内容，包括工程造价管理及其基本制度、相关法律法规、工程项目管理、工程经济、工程项目投融资、工程建设全过程造价管理等知识。

②建设工程计价科目的考试内容，包括建设工程造价构成、建设工程计价方法及计价依据、建设项目决策和设计阶段工程造价的预测、建设项目发承包阶段合同价款的约定、建设项目施工阶段合同价款的调整和结算、建设项目竣工决算的编制和竣工后质量保证金的处理等知识。

③建设工程技术与计量（土木建筑工程）科目的考试内容，包括工程地质、工程构造、工程材料、工程施工技术、工程计量等知识；

建设工程技术与计量（安装工程）科目的考试内容，包括安装工程材料、安装工程施工技术、安装工程计量、通用设备工程、管道和设备工程、电气和自动化控制工程等知识。

④建设工程造价案例分析科目的考试内容，包括建设项目投资估算与财务评价、工程设计和施工方案技术经济分析、工程计量与计价、建设工程招标投标、工程合同价款管理、工程结算与决算等方面的案例分析，重点考查应考人员的实际操作和解决实际问题的综合能力。

（二）注册

取得执业资格的人员，经过注册方能以注册造价工程师的名义执业。注册造价工程师的注册条件为：

①取得执业资格。

②受聘于一个工程造价咨询企业或者工程建设领域的建设、勘察设计、施工、招标代理、工程监理、工程造价管理等单位。

取得执业资格的人员申请注册的，应当向聘用单位工商注册所在地的省、自治区、直辖市人民政府建设主管部门或者国务院有关部门提出注册申请。对申请初始注册的，注册初审机关应当自受理申请之日起 20 日内审查完毕，并将申请材料和初审意见报国务院建设主管部门。注册机关应当自受理之日起 20 日内做出决定。

取得资格证书的人员，可自资格证书签发之日起 1 年内申请初始注册。逾期未申请者，须符合继续教育的要求后方可申请初始注册。初始注册的有效期为 4 年。注册造价工程师注册有效期满须继续执业的，应当在注册有效期满 30 日前，按照规定的程序申请延续注册。延续注册的有效期为 4 年。

（三）执业

注册造价工程师执业范围包括：

①建设项目建议书、可行性研究投资估算的编制和审核，项目经济评价，工程概、预、结算，竣工结（决）算的编制和审核。

②工程量清单、标底（或者控制价）、投标报价的编制和审核，工程合同价款的签订及变更、调整，工程款支付与工程索赔费用的计算。

③建设项目管理过程中设计方案的优化、限额设计等工程造价分析与控制，工程保险理赔的核查。

④工程经济纠纷的鉴定。

注册造价工程师应当在本人承担的工程造价成果文件上签字并盖章。修改经注册造价工程师签字盖章的工程造价成果文件，应当由签字盖章的注册造价工程师本人进行。

（四）造价工程师的权利

注册造价工程师享有下列权利：

①使用注册造价工程师名称。

②依法独立执行工程造价业务。

③在本人执业活动中形成的工程造价成果文件上签字并加盖执业印章。

④发起设立工程造价咨询企业。

⑤保管和使用本人的注册证书和执业印章。

⑥参加继续教育。

（五）造价工程师的义务

注册造价工程师应当履行下列义务：

①遵守法律、法规、有关管理规定，恪守职业道德。

②保证执业活动成果的质量。

③接受继续教育，提高执业水平。

④执行工程造价计价标准和计价方法。

⑤与当事人有利害关系的，应当主动回避。

⑥保守在执业中知悉的国家秘密和他人的商业、技术秘密。

第三章　工程造价的构成与计价

根据工程造价的含义与内容，工程造价应是工程项目建造所需费用的总和。由于工程项目的建设极为复杂，既有工程实体的采购和建造，又关联工程建设各参与主体的技术经济活动，也涉及有关各方的工程管理活动，这些工作最终均要通过工程造价来标示。所以，工程造价就必须完整反映工程建设的所有工作和活动。由此可见，用以标示建造所需费用总和的工程造价，其构成也就必然较为复杂。进行工程造价计价与管理，首先必须掌握工程造价的构成。研究和确定工程造价的构成，是进行工程造价策划和控制的需要和前提。

第一节　工程造价的构成

一、构成

建设项目投资包括固定资产投资和流动资产投资（流动资金）两部分。建设项目总投资中的固定资产投资与建设项目的工程造价在量上相等。固定资产投资一般是在建设工程项目时构成固定资产的那部分资产；流动资金指生产性经营项目投产后，用于购买原材料、燃料、备品备件，保证生产经营和产品销售所需要的周转资金，主要用于项目的经营费用。

我国现行工程造价的构成由设备及工器具购置费用、建筑安装工程费用、工程建设其他费用、预备费和建设期贷款利息、固定资产投资方向调节税等部分构成。

二、设备及工具、器具购置费的构成

在我国，设备及工具、器具购置费用是由设备购置费和工具、器具及生产家具购置费组成的，它是固定资产投资中的积极部分。在生产性工程建设中，设备及工具、器具购置费用占工程造价比重的增大，意味着生产技术的进步和资本有机构成的提高。

设备购置费是指为了项目建设而进行购置或自制的达到固定资产标准的各种国产或进口设备、工具和器具的购置费用，它是固定资产的主要组成部分，一般由设备原价和设备

运杂费构成。用公式表示为：

设备购置费=设备原价+设备运杂费

式中，设备原价指国产设备或进口设备的原价；设备运杂费指除设备原价之外的有关设备的采购、运输、途中包装及仓库保管等方面支出的各项费用的总和。

（一）国产设备原价的构成及计算

国产设备原价一般指的是设备制造厂的交货价或订货合同价。国产设备原价分为国产标准设备原价和国产非标准设备原价。

1. 国产标准设备原价

国产标准设备是指按照主管部门颁布的标准图纸和技术要求，由我国设备生产厂批量生产的，符合国家质量检测标准的设备。一般情况下国产标准设备原价有两种，即带有备件的原价和不带有备件的原价。在计算时一般采用带有备件的原价。

2. 国产非标准设备原价

国产非标准设备是指国家尚无定型标准厂，各设备生产厂不可能在工艺过程中采用批量生产，只能按一次订货，并根据具体的设计图纸制造的设备。非标准设备原价有多种不同的计算方法，如：成本计算估价法、系列设备插入估价法、分部组合估价法及定额估价法等。

国产非标准设备原价一般按成本计算估价法来计算，非标准设备的原价由以下各项组成：

（1）材料费

其计算公式如下：

材料费=材料净重（吨）×（1+加工损耗系数）×每吨材料综合价

（2）加工费

包括生产工人工资和工资附加费、燃料动力费、设备折旧费和车间经费等。其计算公式如下：

加工费=设备总重量（吨）×设备每吨加工费

（3）辅助材料费

如：焊条、焊丝、氧气、氯气、氮气、油漆、电石等费用，其计算公式如下：辅助材料费=设备总重量×辅助材料费指标

（4）专用工具费

按（1）~（3）项之和乘以一定百分比计算。

（5）废品损失费

按（1）~（4）项之和乘以一定百分比计算。

（6）外购配套件费

按设备设计图纸所列的外购配套件的名称、型号、规格、数量和重量等，根据相应的价格加运杂费计算。

（7）包装费

按以上（1）～（6）项之和乘以一定百分比计算。

（8）利润

可按（1）～（5）项加第（7）项之和乘以一定利润率计算。

（9）税金

主要指增值税。计算公式为：

$$增值税=当期销项税额-进项税额$$

$$当期销项税额=销售额\times适用增值税率$$

式中，销售额为（1）～（8）项之和。

（二）进口设备原价的构成及计算

进口设备的原价是指进口设备的抵岸价，即抵达买方边境港口或边境车站，且交完关税等税费后形成的价格。进口设备抵岸价的构成与进口设备的交货类别有关。

1. 进口设备的交货类别

进口设备的交货类别可分为内陆交货类、目的地交货类、装运港交货类。

（1）内陆交货类

即卖方在出口国内陆的某个地点交货。在交货地点，卖方须及时提交合同规定的货物和有关凭证，并负担交货前的一切费用和风险；买方按时接收货物，交付货款，负担接货后的一切费用和风险，并自行办理出口手续和装运出口。货物的所有权也在交货后由卖方转移给买方。

（2）目的地交货类

即卖方在进口国的港口或内地交货，由目的港船上交货价、目的港船边交货价（FOS）和目的港码头交货价（关税已付）及完税后交货价（进口国的指定地点）等几种交货价。目的地交货类的特点是：买卖双方承担的责任、费用和风险是以目的地约定交货点为分界线，只有当卖方在交货点将货物置于买方控制下才算交货，才能向买方收取货款。这种交货类别对卖方来说承担的风险较大，在国际贸易中卖方一般不愿采用。

（3）装运港交货类

即卖方在出口国装运港交货，主要有装运港船上交货价（FOB）（习惯称离岸价格），运费在内价和运费、保险费在内价（CIF，习惯称到岸价格）。装运港交货类的特点是：卖方按照约定的时间在装运港交货，只要卖方把合同规定的货物装船后提供货运单据便完成交货任务，可凭单据收回货款。

2. 进口设备抵岸价的构成及计算

在一般情况下，进口设备采用最多的是装运港船上交货价，即 FOB 价。

①货价。一般指装运港船上交货价。

②国际运费。即从装运港（站）到达我国抵达港（站）的运费。进口设备国际运费计算公式为：

国际运费（海、陆、空）=原币货价（FOB）×运费率

国际运费（海、陆、空）=运量×单位运价

③运输保险费。对外贸易货物运输保险是由保险人（保险公司）与被保险人（出口人或进口人）订立保险契约，在被保险人交付议定的保险费后，保险人根据保险契约的规定对货物在运输过程中发生的承保责任范围内的损失给予经济上的补偿。这是一种财产保险。计算公式为：

运输保险费=（原币货价+国外运费）/（1-保险费率）×保险费率

式中：保险费率按保险公司规定的进口货物保险费率计算。

④银行财务费。一般是指中国银行手续费，可按下式简化计算：

银行财务费=人民币货价（FOB）×银行财务费率

⑤外贸手续费。这是指按国家商务部规定的外贸手续费率计取的费用，外贸手续费率一般取 1.5%。计算公式为：

外贸手续费=（装运港船上交货价+国际运费+运输保险费）×外贸手续费率

⑥关税。由海关对进出国境或关境的货物和物品征收的一种税。计算公式为：

关税=到岸价格（CIF）×进口关税税率

式中：到岸价格（CIF）包括离岸价格（FOB）、国际运费、运输保险费等费用，它是关税完税价格；进口关税税率分为优惠和普通两种。

⑦增值税。是对从事进口贸易的单位和个人，在进口商品报关进口后征收的税种。我国增值税条例规定，进口应税产品均按组成计税价格和增值税税率直接计算应纳税额。即：

进口产品增值税额=组成计税价格×增值税税率

组成计税价格=关税完税价格+关税+消费税

⑧消费税。对部分进口设备（如轿车、摩托车等）征收，一般计算公式为：

应纳消费税额=（到岸价+关税）/（1-消费税税率）×消费税税率

式中：消费税税率根据规定的税率计算。

⑨海关监管手续费。指海关对进口减税、免税、保税货物实施监督、管理、提供服务的手续费。其公式如下：

海关监管手续费=到岸价×海关监管手续费率

（三）设备运杂费的构成及计算

1. 设备运杂费的构成

设备运杂费通常由下列各项构成：

①运费和装卸费。国产设备由设备制造厂交货地点起至工地仓库（或施工组织设计指定的需要安装设备的堆放地点）止所发生的运费和装卸费；进口设备则由我国到岸港口或边境车站起至工地仓库止所发生的运费和装卸费。

②包装费。在设备原价中没有包含的、为运输而进行的包装支出的各种费用。

③设备供销部门的手续费。按有关部门规定的统一费率计算。

④采购与仓库保管费。这是指采购、验收、保管和收发设备所发生的各种费用，包括设备采购人员、保管人员和管理人员的工资、工资附加费、办公费、差旅交通费，设备供应部门办公和仓库所占固定资产使用费、工具用具使用费、劳动保护费、检验试验费等。这些费用可按主管部门规定的采购与保管费费率计算。

2. 设备运杂费的计算

设备运杂费按设备原价乘以设备运杂费率计算，其计算公式为：

设备运杂费＝设备原价×设备运杂费率

式中：设备运杂费率按各部门及省、市、自治区等的规定计取。

（四）工具、器具购置费的构成及计算

工具、器具及生产家具购置费，是指新建或扩建项目初步设计规定的，保证初期正常生产必须购置的没有达到固定资产标准的设备、仪器、工卡模具、器具、生产家具和备品备件等的购置费用。其计算公式为：

工具、器具及生产家具购置费＝设备购置费×定额费率

三、建筑安装工程费用的构成

（一）直接费

直接费是指在工程施工过程中直接耗费的构成工程实体或有助于工程形成的各种费用。建筑安装工程费包括直接工程费和措施费两部分。

1. 直接工程费

直接工程费是指施工过程中耗费的构成工程实体的各项费用，包括人工费、材料费、施工机械使用费。

（1）人工费

建筑安装工程费中的人工费是指直接从事建筑安装工程施工的生产工人开支的各项费用。人工费应包括以下五项：

①基本工资。是指发放给生产工人的基本工资。

②工资性补贴。是指按规定标准发放的物价补贴，煤、燃气补贴，交通补贴，住房补贴和流动施工津贴等。

③生产工人辅助工资。是指生产工人年有效施工天数以外非作业天数的工资，包括职工学习、培训期间的工资，调动工作、探亲、休假期间的工资，因气候影响的停工工资，女工哺乳时间的工资，病假在 6 个月以内的工资及产、婚、丧假期的工资。

④职工福利费。是指按规定标准计提的职工福利费。

⑤生产工人劳动保护费。是指按规定标准发放的劳动保护用品的购置费及修理费，徒工服装补贴，防暑降温费，在有碍身体健康环境中施工的保健费用等。

人工费的计算公式为：

$$人工费=\sum（工日消耗量\times日工资单价）$$

（2）材料费

建筑安装工程费中的材料费是指施工过程中耗费的构成工程实体的原材料、辅助材料、构配件、零件、半成品的费用。材料费应包括以下五项：

①材料原价（或供应价格）。是指材料的出厂价格，进口材料的抵岸价或销售部门的批发价。

②材料运杂费。是指材料自来源地运至工地仓库或指定堆放地点所发生的全部费用。

③运输损耗费。是指材料在运输装卸过程中不可避免的损耗。

④采购及保管费。是指为组织采购、供应和保管材料过程中所需要的各项费用，包括采购费、仓储费、工地保管费和仓储损耗。

⑤检验试验费。是指对建筑材料、构件和建筑安装物进行一般鉴定、检查所发生的费用，包括自设试验室进行试验所耗用的材料和化学药品等费用。不包括新结构、新材料的试验费和建设单位对具有出厂合格证明的材料进行检验、对构件进行破坏性试验及其他特殊要求检验试验的费用。

材料费的基本计算公式为：

$$材料费=\sum（材料消耗量\times材料基价）+检验试验费$$

（3）施工机械使用费

建筑安装工程费中的施工机械使用费，是指使用施工机械作业所发生的机械使用费及机械安拆费和进出场费。施工机械台班单价由下列七项费用组成：

①折旧费是施工机械在规定的使用年限内，陆续收回其原值及购置资金的时间价值。

②大修理费。是施工机械按规定的大修理间隔台班进行必要的大修理，以恢复其正常功能所需的费用。

③经常修理费。是施工机械除大修理以外的各级保养和临时故障排除所需的费用。包括为保障机械正常运转所需替换设备与随机配备工具附具的摊销和维护费用，机械运转中日常保养所需润滑与擦拭的材料费用，以及机械停滞期间的维护和保养费用等。

④安拆费及场外运费。安拆费是施工机械在现场进行安装与拆卸所需的人工、材料、机械和试运转费用，以及机械辅助设施的折旧、搭设、拆除等费用；场外运费是施工机械整体或分体自停放地点运至施工现场，或由一施工地点运至另一施工地点的运输、装卸、辅助材料及架线等费用。

⑤人工费。是指机上司机（司炉）和其他操作人员的工作日人工费及上述人员在施工机械规定的年工作台班以外的人工费。

⑥燃料动力费。是施工机械在运转作业中所消耗的固体燃料（煤、木柴）、液体燃料（汽油、柴油）费及水、电费等费用。

⑦养路费及车船使用税。是施工机械按照国家规定和有关部门规定应缴纳的养路费、车船使用税、保险费及年检费等。

施工机械使用费的基本计算公式为：

施工机械使用费 = Σ（施工机械台班消耗量×机械台班单价）

2. 措施费

措施费是指为完成工程项目施工，发生于该工程施工前和施工过程中非工程实体项目的费用。

①安全文明施工费（含环境保护费、文明施工费、安全施工费、临时设施费）。是施工现场为达到环保部门要求、现场安全文明施工及建筑工程施工必须搭设的生活和生产用的临时建筑物、构筑物和其他临时设施所发生的费用。

②夜间施工费。是指因夜间施工所发生的夜班补助费、夜间施工降效、夜间施工照明设备摊销及照明用电等费用。

③二次搬运费。是指因施工场地狭小等特殊情况而发生的二次搬运费用。其计算公式如下：

二次搬运费 = 直接工程费×二次搬运费费率（%）

式中：二次搬运费费率（%）= 年平均二次搬运费开支额/（全年建筑安装产值×直接工程费占总造价比例）。

④冬雨期施工费。是指因在冬期、雨期施工，为保证工程顺利进行而发生的费用。对于冬雨期施工的工程，增加的费用包括冬雨期施工的措施费和人工机械降效费两部分。冬雨期施工措施费应按批准的冬期施工方案计算。冬期施工人工、机械降效费用，按冬期施

工工程量所需人工、机械费之和的20%计取。对于是否进入冬期施工期，应根据施工验收技术规范和工程所在地冬季气候条件确定。

⑤大型机械设备进出场及安拆费。机械整体或分体自停放场地运至施工现场或由一个施工地点运至另一个施工地点，所发生的机械进出场运输与转移费用及机械在施工现场进行安装、拆卸所需的人工费、材料费、机械费、试运转费和安装所需的辅助设施的费用。其计算公式如下：

大型机械进出场及安拆费=（一次进出场及安拆费×年平均安拆次数）/年工作台班

⑥施工排水费。是指为确保工程在正常条件下施工，采取的各种排水措施所发生的各种费用。其计算公式如下：

施工排水费=∑排水机械台班费×排水周期+排水使用材料费、人工费

⑦施工降水费。是指为确保工程在正常条件下施工，采取的各种降水措施所发生的各种费用。其计算公式如下：

施工降水费=∑降水机械台班费×降水周期+降水使用材料费、人工费

⑧地上、地下设施，建筑物的临时保护设施费。是为了保护地下、地上的设施及保护周围建筑物而发生的措施费。一般按批准施工方案计算费用。

⑨已完工程及设备保护费。其计算公式如下：

已完工程及设备保护费=成品保护所需机械费+材料费+人工费

（二）间接费

间接费是指虽不直接由施工的工艺过程所引起，但却与工程的总体条件有关的，建筑安装企业为组织施工和进行经营管理，以及间接为建筑安装生产服务的各项费用。

1. 间接费的组成内容

按现行规定，建筑安装工程间接费由企业管理费、规费组成。

（1）企业管理费

企业管理费是指施工企业为组织施工生产经营活动所发生的管理费用。内容包括以下十二项：

①企业管理人员的基本工资、工资性补贴、职工福利费等。

②企业办公费。是指企业办公用文具、纸张、账表、印刷、邮电、书报、会议、水、电、燃煤（气）等费用。

③差旅交通费。是指职工因公出差、调动工作的差旅费和住勤补助费，市内交通费和误餐补助费，职工探亲路费，劳动力招募费，职工离退休、退职一次性路费，工伤人员就医路费，工地转移费及管理部门使用的交通工具的油料、燃料、养路费及牌照费。

④固定资产使用费。是指管理和试验部门及附属生产单位使用的属于固定资产的房

屋、设备仪器等的折旧、大修、维修或租赁费。

⑤工具用具使用费。是指管理使用的不属于固定资产的生产工具、器具、家具、交通工具和检验、试验、测绘、消防用具等的购置、维修和摊销费。

⑥工会经费。是指企业按职工工资总额2%计提的工会经费。

⑦职工教育经费。是指企业为职工学习先进技术和提高文化水平而按职工工资总额的1.5%计提的学习、培训费用。

⑧劳动保险费，是指企业支付离退休职工的退休金（包括提取的离退休职工劳保统筹基金）、价格补贴、医药费、易地安家补助费、职工退职金、6个月以上的病假人员工资、职工死亡丧葬补助费、抚恤费及按规定支付给离休干部的各项经费。

⑨财务费。是指企业为筹集资金而发生的各项费用。

⑩保险费。是指企业管理用车辆保险及企业其他财产保险的费用。

⑪税金。是指企业按规定缴纳的房产税、车船使用税、土地使用税、印花税及土地使用费等。

⑫其他费用。包括技术转让费、技术开发费、业务招待费、绿化费、广告费、公证费、法律顾问费、审计费及咨询费等。

（2）规费

规费是政府和有关权力部门规定必须缴纳的费用（简称规费），包括以下五项：

①工程排污费。是指施工现场按规定缴纳的工程排污费。

②工程定额测定费。是指按规定支付工程造价（定额）管理部门的定额测定费。

③社会保险费。包括养老保险费、失业保险费、医疗保险费。其中，养老保险是指企业按照规定标准为职工缴纳的基本养老保险费；失业保险费是指企业按照国家规定标准为职工缴纳的失业保险费；医疗保险是指企业按照规定标准为职工缴纳的医疗保险费。

④住房公积金。是指企业按规定标准为职工缴纳的住房公积金。

⑤危险作业意外伤害保险。是指按照《建筑法》规定，企业为从事危险作业的建筑安装施工人员支付的意外伤害保险。

2. 间接费计算

间接费是按相应的计取基础乘以间接费费率确定的：

①以直接费为计算基础时，间接费的计算公式为：

间接费=直接费合计×间接费费率

②以人工费为计算基础时，间接费的计算公式为：

间接费=直接费中人工费合计×间接费费率

③以人工费和机械费合计为基础时，间接费的计算公式为：

间接费=直接费中人工费和机械费合计×间接费费率

（三）利润

利润是指施工企业完成所承包工程获得的盈利，计算方法有以下三种情况：

①以直接费为计算基础时，利润的计算公式为：

利润=（直接费+间接费）×相应利润率

②以人工费为计算基础时，利润的计算公式为：

利润=直接费中人工费合计×相应利润率

③以人工费和机械费合计为计算基础时，利润的计算公式为：

利润=直接费中人工费和机械费合计×相应利润率

在建设产品的市场定价中，应根据市场的竞争情况适当确定利润水平。

四、工程建设其他费用的构成

工程建设其他费用是指从工程筹建起到工程竣工验收交付使用止的整个建设期间，除建筑安装工程费用和设备及工器具购置费用以外，为保证工程建设顺利完成和交付使用后能够正常发挥效用而发生的各项费用。

（一）土地使用费

任何一个建筑项目都需要固定于一定地点与地面相连接，必须占用一定量的土地，也就必然要发生为获得建筑用地而支付的费用，这就是土地使用费。它是指通过划拨方式取得土地使用权而支付的土地征用及迁移补偿费，或通过土地使用权出让方式取得土地使用权而支付的土地使用权出让金。

1. 土地征用及迁移补偿费

土地征用及迁移补偿费是指建设项目通过划拨方式取得无限期的土地使用权，所支付的费用其总和一般不得超过被征土地年产值的30倍，土地年产值则按该地被征用前三年的平均产量和国家规定的价格计算。其内容包括以下六项：

①土地补偿费。征用耕地（包括菜地）的补偿标准，按政府规定，为该耕地被征用前三年平均年产值的6~10倍，具体补偿标准由省、自治区、直辖市人民政府在此范围内制定。征用园地、鱼塘、林地、牧场等的补偿标准，由省、自治区、直辖市参照征用耕地补偿费标准制定。征收无收益土地不予补偿。土地补偿费归农村集体经济组织所有。

②青苗补偿费和被征用土地上的房屋、水井、树木等附着物补偿费。这些补偿费的标准由省、自治区、直辖市人民政府制定。征用城市郊区菜地时，还应该按照有关规定向国家缴纳新菜地开发建设基金。地上附着物及青苗补偿费归其所有者所有。

③安置补助费。安置补助费是指国家在征用土地时，为了安置以土地为主要生产资料

并取得生活来源的农业人口的生活所给予的补助费用。征用耕地和菜地的安置补助费标准按照需要安置的农业人口计算。需要安置的农业人口数，按照被征用的耕地数量除以征地前被征用单位平均每人占有耕地的数量计算。每一个需要安置的农业人口的安置补助费标准，为该耕地被征用前三年平均年产值的 4～6 倍。但是，每公顷被征用耕地的安置补助费最高不得超过被征用前三年平均年产值的 15 倍。

④缴纳的耕地占用税或城镇土地使用税、土地登记费及征地管理费等。县市土地管理机关从征地费中提取土地管理费的比率按征地工程量的大小，视情况不同，在 1%～4%幅度内提取。

⑤征地动迁费。包括征用土地上的房屋及附属构筑物、城市公共设施等拆除、迁建等的补偿费、搬迁运输费，企业单位因搬迁造成的减产、停工损失补偿费，拆迁管理费等。

⑥水利水电工程水库淹没处理补偿费：包括农村移民安置迁建费，城市迁建补偿费，库区工矿企业、交通、电力、通信、广播、管网、水利等的恢复、迁建补偿费，库底清理费，防护工程费，环境影响补偿费用等。

2. 土地使用权出让金

土地使用权出让金是指建设项目通过土地使用权出让方式，取得有限期的土地使用权，依照《中华人民共和国城镇国有土地使用权出让和转让暂行条例》规定支付的土地使用权出让金。

（1）明确国家是城市土地的唯一所有者

分层次、有偿、有限期地出让、转让城市土地。第一层次是城市政府将国有土地使用权出让给用地者，该层次由城市政府垄断经营，出让对象可以是有法人资格的企事业单位，也可以是外商；第二层次及以下层次的转让则发生在使用者之间。

（2）城市土地的出让和转让可采用协议、招标、公开拍卖等方式

①协议方式。该方式适用于市政工程、公益事业用地及需要减免地价的机关、部队用地和需要重点扶持、优先发展的产业用地。

②招标方式。该方式适用于一般工程建设用地。

③公开拍卖。该方式适用于盈利高的行业用地。

（3）坚持以下原则

①地价对目前的投资环境不产生大的影响。

②地价与当地的社会经济承受能力相适应。

③地价要考虑已投入的土地开发费用、土地市场供求关系、土地用途和使用年限。

（4）关于政府有偿出让土地使用权的年限，以 50 年为宜

土地使用权出让最高年限按下列用途确定：

①居住用地 70 年。

②工业用地 50 年。

③教育、科技、文化、卫生、体育用地 50 年。

④商业、旅游、娱乐用地 40 年。

⑤综合或者其他用地 50 年。

（二）与项目建设有关的其他费用

根据项目的不同，与项目建设有关的其他费用的构成也不尽相同，一般包括以下各项，在进行工程估算及概算中可根据实际情况进行计算。

1. 建设单位管理费

建设单位管理费是指建设项目从立项、筹建、建设、联合试运转、竣工验收交付使用及后评估等全过程管理所需费用。内容包括：

①建设单位开办费。该费用是指新建项目为保证筹建和建设工作正常进行所需办公设备、生活家具、用具、交通工具等购置费。

②建设单位经费。该费用包括工作人员的基本工资、工资性补贴、职工福利费、劳动保护费、办公费、差旅交通费、工会经费、职工教育经费、固定资产使用费、工具用具使用费、技术图书资料费、生产人员招募费、合同契约公证费、工程质量监督检测费、工程咨询费、法律顾问费、审计费、业务招待费、排污费、竣工交付使用清理及竣工验收费、后评估等费用，不包括应计入设备、材料预算价格的建设单位采购及保管设备材料所需的费用。

建设单位管理费按照单项工程费用之和（包括设备工器具购置费和建筑安装工程费用）乘以建设单位管理费费率计算。

2. 勘察设计费

勘察设计费是指为本建设项目提供项目建议书、可行性研究报告及设计文件等所需的费用。

3. 研究试验费

研究试验费是指为建设项目提供和验证设计参数、数据、资料等所进行的必要的试验费用及设计规定在施工中必须进行试验、验证所需的费用。

4. 建设单位临时设施费

建设单位临时设施费是指建设期间建设单位所需临时设施的搭设、维修、摊销费用或租赁费用。

5. 工程监理费

工程监理费是指建设单位委托工程监理单位对工程实施监理工作所需的费用。

6. 工程保险费

工程保险费是指建设项目在建设期间根据需要实施工程保险所需的费用。

7. 引进技术和进口设备其他费用

引进技术和进口设备其他费用包括出国人员费用、国外工程技术人员来华费用、技术引进费、分期或延期付款利息、担保费及进口设备检验鉴定费。

8. 工程承包费

工程承包费是指具有总承包条件的工程公司，对工程建设项目从开始建设至竣工投产全过程的总承包所需的管理费用。

（三）与未来企业生产经营有关的其他费用

1. 联合试运转费

联合试运转费是指新建企业或新增加生产工艺过程的扩建企业在竣工验收前，按照设计规定的工程质量标准，进行整个车间的负荷或无负荷联合试运转所发生的费用支出大于试运转收入的亏损费用。试运转收入包括试运转产品销售和其他收入。联合试运转费不包括应归于设备安装工程费项下开支的单台设备调试费及试车费用。

2. 生产准备费

生产准备费是指新建企业或新增生产能力的企业，为保证竣工交付使用，进行必要的生产准备所发生的费用。费用内容包括以下三项：

①生产人员培训费。

②生产单位提前进厂参加施工、设备安装、调试等及熟悉工艺流程及设备性能等人员的工资、工资性补贴、职工福利费、差旅交通费和劳动保护费等。

③办公和生活家具购置费是指为保证新建、改建、扩建项目初期正常生产、使用和管理所必须购置的办公和生活家具、用具的费用。

五、预备费和建设期贷款利息

（一）预备费

按我国现行规定，预备费包括基本预备费和涨价预备费。

1. 基本预备费

基本预备费是指在初步设计及概算内难以预料的工程费用，费用内容包括以下几项：

①在批准的初步设计范围内，技术设计、施工图设计及施工过程中所增加的工程费用；设计变更、局部地基处理等增加的费用。

②一般自然灾害造成的损失和预防自然灾害所采取的措施费用。实行工程保险的工程项目费用应适当降低。

③竣工验收时为鉴定工程质量对隐蔽工程进行必要的挖掘和修复费用。

基本预备费是按设备及工器具购置费、建筑安装工程费用和工程建设其他费用三者之和为计取基础，乘以基本预备费率进行计算。计算公式为：

基本预备费=（设备及工器具购置费+建筑安装工程费用+工程建设其他费用）×基本预备费费率

2. 涨价预备费

涨价预备费（Provision Fund for Price，在公式中用PF代表）是指建设项目在建设期间内由于价格等变化引起工程造价变化的预测预留费用。费用内容包括：人工、设备、材料、施工机械的价差费，建筑安装工程费及工程建设其他费用调整，利率、汇率调整等增加的费用。

涨价预备费的测算方法，一般根据国家规定的投资综合价格指数，按估算年份价格水平的投资额为基数，采用复利方法计算。

（二）建设期贷款利息

建设期贷款利息包括向国内银行和其他非银行金融机构贷款、出口信贷、外国政府贷款、国际商业银行贷款及在境内外发行的债券等在建设期间内应偿还的贷款利息。

当总贷款是分年均额发放时，建设期利息的计算可按当年借款在年终支用考虑，即当年贷款按半年计息，上年贷款按全年计息。

六、固定资产投资方向调节税

国家为引导投资方向，调整投资结构，加强重点建设，对在我国境内进行固定资产投资的单位和个人征收固定资产投资方向调节税（简称投资方向调节税）。

（一）计税依据

投资方向调节税以固定资产投资项目实际完成投资额为计税依据，实际完成投资额包括：设备及工器具购置费、建筑安装工程费、工程建设其他费用及预备费。但更新改造项目是以建筑工程实际完成的投资额为计税依据。

（二）计税方法

首先，确定单位工程投资完成额；其次，根据工程的性质及划分的单位工程情况，确定单位工程的适用税率；最后，计算各个单位工程应纳的投资方向调节税税额，并且将各个单位工程应纳的税额汇总，即得出整个项目的应纳税额。

（三）缴纳方法

投资方向调节税按固定资产投资项目的单位工程年度计划投资额预缴，年度终结后，按年度实际完成投资额结算，多退少补。项目竣工后，按应征收投资方向调节税的项目及其单位工程的实际完成投资额进行清算，多退少补。

第二节 工程造价的计价

一、工程造价计价依据与计价模式概述

确定合理的工程造价，要有科学的工程造价计价依据与计价模式。在市场经济条件下，工程造价的计价依据与计价模式会变得越来越复杂，但其必须具有信息性，定性描述清晰，便于计算，符合实际。掌握和收集大量的工程造价计价依据与计价模式资料，将有利于更好地进行工程造价管理，从而提高投资的经济效益。

（一）计价依据概述

1. 计价依据的概念和要求

计价依据是用以计算工程造价的各类基础资料的总称，是进行工程造价科学管理的基础。

由于影响工程造价的因素很多，每一项工程的造价都要根据工程的用途、类别、结构特征、建设标准、所在地区和坐落地点、市场价格信息，以及政府的产业政策、税收政策和金融政策等做具体计算。因此，就需要把确定上述各项因素相关的各种量化的定额或指标等作为计价的基础。计价依据除国家或地方法律规定的以外，一般以合同形式加以确定。计价依据必须满足以下要求：

①准确可靠，符合实际。

②可信度高，有权威性。

③数据化表达，便于计算。

④定性描述清晰，便于正确利用。

2. 计价依据的作用

工程造价计价依据是确定和控制工程造价的基础资料，它依照不同的建设管理主体，在不同的工程建设阶段，针对不同的管理对象具有不同的作用。

①计价依据是编制计划的基本依据。无论是国家建设计划、业主投资计划、资金使用

计划还是施工企业的施工进度计划、年度计划、月旬作业计划及下达生产任务单等，都是以计价依据来计算人工、材料、机械、资金等的需要数量，合理地平衡和调配人力、物力、财力等各项资源，以保证提高投资与企业经济效益，落实各种建设计划。

②计价依据是计算和确定工程造价的依据。工程造价的计算和确定必须依赖定额等计价依据。如：估算指标用来计算和确定投资估算，概算定额用于计算和确定设计概算，预算定额用于计算和确定施工图预算，施工定额用于计算确定施工项目成本。

③计价依据是企业实行经济核算的依据。经济核算制是企业管理的重要经济制度，它可以促使企业以尽可能少的资源消耗，取得最大的经济效益；定额等计价依据是考核资源消耗的主要标准。如：对资源消耗和生产成果进行计算、对比和分析，就可以发现改进的途径，采取措施加以改进。

④计价依据有利于建筑市场的良好发育。计价依据既是投资决策的依据，又是价格决策的依据。对于投资者来说，可以利用定额等计价依据有效地提高其项目决策的科学性，优化其投资行为；对于施工企业来说，定额等计价依据是施工企业适应市场投标竞争和企业进行科学管理的重要工具。

⑤计价依据是编制投资估算、设计概算、施工图预算、招标标底、竣工结算、调解处理工程造价纠纷及鉴定工程造价的依据，是衡量投标报价合理性的基础。

（二）计价模式概述

工程造价的计价模式是指根据计价依据计算工程造价的程序和方法，具体包括建设工程定额计价模式和工程量清单计价模式两种。

1. 建设工程定额计价模式

建设工程定额计价是我国长期以来在工程价格形成中采用的计价模式，是国家通过颁布统一的估价指标、概算指标、概算定额、预算定额和相应的费用定额，是建筑产品价格有计划管理的一种方式。在计价中以定额为依据，按定额规定的分部分项子目，逐项计算工程量，套用定额单价或单位估价表（基价）确定直接费（定额直接费），然后按规定取费标准确定构成工程价格的其他费用和利税，获得建筑安装工程造价；建设工程概预算书就是根据不同设计阶段设计图纸和国家规定的定额、指标及各项费用取费标准等资料，预先计算的新建、扩建、改建工程的投资额的技术经济文件。由建设工程概预算书所确定的每一个建设项目、单项工程或单位工程的建设费用，实质上就是相应工程的计划价格。

长期以来，我国发承包计价以工程概预算定额为主要依据。因为工程概预算定额是我国几十年计价实践的总结，具有一定的科学性和实践性，所以用这种方法计算和确定工程造价过程简单、快速、比较准确，也有利于工程造价管理部门的管理。但概预算定额是按照计划经济的要求制定、发布、贯彻执行的，定额中工、料、机的消耗量是根据“社会平均水平”综合测定的，费用标准是根据不同地区平均测算的，因此企业采用这种模式报价时就会表现为平均主义，企业不能结合项目具体情况、自身技术优势、管理水平和材料采购渠道价格进行自主报价，不能充分调动企业加强管理的积极性，也不能充分体现公平竞争的基本原则，体现不出企业的竞争优势。

2. 工程量清单计价模式

工程量清单计价模式是建设工程招投标中，按照国家统一的工程量清单计价规范，招标人或其委托的有资质的咨询机构编制反映工程实体消耗和措施消耗的工程量清单，并作为招标文件的一部分提供给投标人，由投标人依据工程量清单，根据各种渠道所获得的工程造价信息和经验数据，结合企业定额自主报价的计价方式。

我国现行建设行政主管部门发布的工程预算定额消耗量和有关费用及相应价格是按照社会平均水平编制的，以此为依据形成的工程造价基本上属于社会平均价格。这种平均价格可作为市场竞争的参考价格，但不能充分反映参与竞争企业的实际消耗和技术管理水平，在一定程度上限制了企业的公平竞争。采用工程量清单计价，能够反映出承建企业的工程个别成本，有利于企业自主报价；同时，实行工程量清单计价，工程量清单作为招标文件和合同文件的重要组成部分，对于规范招标人计价行为，在技术上避免招标中弄虚作假和暗箱操作及保证工程款的支付结算都会起到重要作用。

目前，我国建设工程造价计价实行“双轨制”管理办法，即定额计价法和工程量清单计价法同时实行。工程量清单计价作为一种市场价格的形成机制，主要在工程招投标和结算阶段使用。全部使用国有资金投资或国有资金投资为主（简称“国有资金投资”）的工程建设项目，必须采用工程量清单计价。

二、工程造价计价依据

定额就是一种规定的额度，或称数量标准。工程定额就是国家颁发的用于规定完成某一工程产品所需消耗的人力、物力和财力的数量标准。定额是企业科学管理的产物，工程定额反映了在一定社会生产力水平的条件下，建设工程施工的管理和技术水平。

在建筑安装施工生产中，根据需要而采用不同的定额。例如，用于企业内部管理的有劳动定额、材料消耗定额和施工定额。又如，为了计算工程造价，要使用估算指标、概算定额、预算定额（包括基础定额）、费用定额等。因此，工程定额可以从不同的角度进行分类。

①按定额反映的生产要素消耗内容分类劳动定额、材料消耗定额、机械台班定额。

②按定额的不同用途分类施工定额、预算定额、概算定额、概算指标及投资估算指标。

③按照投资的费用性质分类建筑工程定额、设备安装工程定额、建筑安装工程费用定额、工程建设其他费用定额。

④按定额的编制单位和执行范围分类全国统一定额、地区统一定额、行业定额、企业定额、补充定额。

(一) 施工定额与企业定额

1. 施工定额

施工定额是施工企业为组织生产和加强管理在企业内部使用的一种定额，属于企业生产定额的性质。它是建筑安装工人在合理的劳动组织或工人小组在正常施工条件下，为完成单位合格产品，所需消耗的劳动力、材料、机械台班的数量标准。它由劳动定额、材料消耗定额和机械台班定额组成。施工定额是施工企业内部经济核算的依据，是编制施工预算的依据，也是编制预算定额的基础。

为了适应组织生产和管理的需要，施工定额的项目划分很细，是工程建设定额中分项最细、定额子目最多的一种定额，也是工程建设定额中的基础性定额。在预算定额的编制过程中，施工定额的劳动、机械、材料消耗的数量标准，是计算预算定额中劳动、机械、材料消耗数量标准的重要依据。

施工定额在企业管理工作中的作用是：

①企业计划管理的依据。

②组织和指挥施工生产的有效工具。

③计算工人劳动报酬的依据。

④利于推广先进技术。

⑤编制施工预算的依据。

施工定额的编制原则是定额水平必须遵循平均先进、结构形式应简明适用的原则。施工定额是以劳动定额、材料消耗量定额、机械台班消耗量定额的形式来表现，它是工程计价最基础的定额，是编制地方和行业部门预算定额的基础，也是个别企业依据其自身的消耗水平编制企业定额的基础。

(1) 劳动定额

①劳动定额的概念。劳动定额，亦称人工定额，是指正常施工条件下，某等级工人在单位时间内完成合格产品的数量或完成单位合格产品所需的劳动时间。按其表现形式的不同，可分为时间定额和产量定额。它是确定工程建设定额人工消耗量的主要依据。

②劳动定额的分类及其关系。劳动定额分为时间定额和产量定额两种。

a. 时间定额。时间定额是指某工种某一等级的工人或工人小组在合理的劳动组织等施工条件下，完成单位合格产品所必须消耗的工作时间。以“工日”为单位，每个工日现行规定工作时间为 8 小时。

b. 产量定额。产量定额是指某工种等级工人或工人小组在合理的劳动组织等施工条件下，在单位时间内完成合格产品的数量。

时间定额与产量定额的关系是互为倒数的关系。

（2）材料消耗定额

①材料消耗定额的概念材料消耗定额是指先进合理的施工条件和合理使用材料的情况下，生产质量合格的单位产品所必需的建筑安装材料的数量标准。

②净用量定额和损耗量定额材料消耗定额包括：a. 直接用于建筑安装工程上的材料。b. 不可避免产生的施工废料。c. 不可避免的材料施工操作损耗。

其中，直接构成建筑安装工程实体的材料称为材料消耗净用量定额，不可避免的施工废料和材料施工操作损耗量称为材料损耗量定额。材料消耗用量定额与损耗量定额之间具有下列关系：

材料消耗定额（材料总消耗量）= 材料消耗净用量+材料损耗量

（3）编制材料消耗定额的基本方法

①现场技术测定法。用该方法主要是为了取得编制材料损耗定额的资料。材料消耗中的净用量比较容易确定，但材料消耗中的损耗量不能随意确定，须通过现场技术测定来区分哪些属于难以避免的损耗、哪些属于可以避免的损耗，从而确定比较准确的材料损耗量。

②试验法。试验法是在试验室内采用专用的仪器设备，通过试验的方法来确定材料消耗定额的一种方法，用这种方法提供的数据，虽然精确度高，但容易脱离现场实际情况。

③统计法。统计法中通过对现场用料的大量统计资料进行分析计算的一种方法。用该方法可获得材料消耗的各种数据，用来编制材料消耗定额。

④理论计算法。理论计算法是运用一定的计算公式计算材料消耗量，确定材料消耗定额的一种方法。这种方法较适合计算块状、板状、卷状等材料消耗量。

（4）机械台班定额

机械台班定额是施工机械生产率的反映，编制高质量的施工机械台班定额是合理组织机械化施工，有效地利用施工机械，进一步提高机械生产率的必备条件。编制施工机械台班定额，主要包括以下内容：

①拟定正常的施工条件。机械操作与人工操作相比，劳动的生产率在更大的程度上受施工条件的影响，所以更要重视拟定正常的施工条件。

②确定机械纯工作 1 小时的正常生产率。确定机械正常生产率必须先确定机械纯工作 1 小时的劳动生产率。因为只有先取得机械纯工作 1 小时正常生产率，才能根据机械利用系数计算出施工机械台班定额。

机械纯工作时间，就是指机械必须消耗的净工作时间，它包括正常工作负荷下，有根据降低负荷下、不可避免的无负荷时间和不可避免的中断时间，机械纯工作 1 小时的正常生产率，就是在正常施工条件下，由具备一定技能的技术工人操作施工机械净工作 1 小时的劳动生产率。

确定机械纯工作 1 小时正常劳动生产率可以分为三步进行。

第一步，计算机械一次循环的正常延续时间；

第二步，计算施工机械纯工作 1 小时的循环次数；

第三步，求机械纯工作 1 小时正常生产率。

③确定施工机械的正常利用系数是指机械在工作班内工作时间的利用率。机械正常利用系数与工作班内的工作状况有着密切的关系。

确定机械正常利用系数，首先要计算工作班在正常状况下，准备与结束工作、机械开动、机械维护等工作所必需消耗的时间，以及机械有效工作的开始与结束时间；其次再计算机械工作班的纯工作时间；最后确定机械正常利用系数。

④计算机械台班定额是编制机械台班定额的最后一步。在确定了机械工作正常条件、机械 1 小时纯工作时间正常生产率和机械利用系数后，就可以确定机械台班的定额指标了。

施工机械台班产量定额 = 机械纯工作 1 小时正常生产率×工作班延续时间×机械正常利用系数

2. 企业定额

（1）企业定额的概念

施工企业定额是施工企业直接用于施工管理的一种定额。它是指由合理劳动组织的建筑安装工人小组在正常施工条件下，以同一性质的施工过程或工序为测定对象，为完成单位合格产品所需人工、机械、材料消耗的数量标准。施工企业定额反映了企业的施工水平、装备水平和管理水平，可作为考核施工单位劳动生产率水平、管理水平的标尺和确定工程成本、投标报价的依据。《建设工程工程量清单计价规范》出台以后，施工企业定额在投标报价中的地位和作用明显提高。

在工程量清单计价模式下，每家企业均应拥有反映自己企业能力的企业定额。从一定意义上讲，企业定额是企业的商业秘密，是企业参与市场竞争的核心竞争能力的具体表现。要实现工程造价管理的市场化，由市场形成价格是关键。以各企业的企业定额为基础进行报价，能真实地反映出企业成本的差异，能在施工企业之间形成实力的竞争，从而真正达到市场形成价格的目的。

施工单位应根据本企业的具体条件和可挖掘的潜力，根据市场的需求和竞争环境，根据国家有关政策、法律、规范、制度，自己编制定额，自行决定定额的水平。同类企业和同一地区的企业之间存在施工定额水平的差距，这样在市场上才能具有竞争能力。同时，施工单位应将施工企业定额的水平对外作为商业秘密进行保密。

在市场经济条件下，对于施工企业定额，国家定额和地区定额也不再是强加于施工单位的约束和指令，而是对企业的施工定额管理进行引导，为企业提供有关参数和指导，从而实现对工程造价的宏观调控。

施工企业定额不同于工料机消耗定额，全国统一、地区统一定额中的工料机消耗量标准采用的是社会平均水平，而施工定额中的工料机消耗标准，应根据本企业的技术管理水平，采用平均先进水平。

（2）企业定额的作用

施工企业定额是施工企业管理工作的基础，也是工程定额体系中的基础。

①投标报价应当依据企业定额和市场价格信息，并按照国务院和省、自治区、直辖市人民政府建设行政主管部门发布的工程造价计价办法进行编制。为了适应投标报价的要求，施工企业必须根据自身管理水平和技术装备水平编制企业定额。

②施工企业定额是施工单位编制施工组织设计和施工作业计划的依据。各类施工组织设计一般包括三部分内容，即所建工程的资源需要量、使用这些资源的最佳时间安排和施工现场平面规划。确定所建工程的资源需要量，要以施工定额为依据；施工中实物工程量的计算，要以施工定额的分项和计量单位为依据；甚至排列施工进度计划也要根据施工定额对施工力量（劳动力和施工机械）进行计算。

③施工企业定额是组织和指挥施工生产的有效工具施工单位组织和指挥施工，应按照作业计划，下达施工任务书和限额领料单。

施工任务书列明应完成的施工任务，也记录班组实际完成任务的情况，并且进行班组工人的工资结算。施工任务书上的工程计量单位、产量定额和计件单位，均取自施工的劳动定额，工资结算也要根据劳动定额的完成情况计算。

限额领料单是施工队随施工任务书同时签发的领取材料的凭证，根据施工任务和材料定额填写。其中领料的数量，是班组为完成规定的工程任务消耗材料的最高限额。

④施工企业定额是计算工人劳动报酬的根据。社会主义的分配原则是按劳分配。所谓“劳”主要是指劳动的数量和质量，劳动的成果和效益。施工企业定额是衡量工人劳动数量和质量的标准，是计算工人计件工资的基础，也是计算奖励工资的依据。完成定额好，工资报酬就多；达不到定额，工资报酬就少，真正实现多劳多得、少劳少得。

⑤施工企业定额有利于推广先进技术。施工企业定额的水平中包含着一些已成熟的先进的施工技术和经验，工人要达到和超过定额，就必须掌握和运用这些先进技术，注意改进工具和改进技术操作方法，注意原材料的节约，避免浪费。当施工企业定额明确要求采用某些较先进的施工工具和施工方法时，贯彻施工定额就意味着推广先进技术。

由此可见，施工企业定额在施工单位企业管理的各个环节中都是不可缺少的，施工企业定额管理是企业管理的基础性工作，具有不容忽视的作用。

（3）企业定额编制的原则

作为企业定额，其编制必须体现平均先进性原则、简明适用原则、以专家为主编制定额原则、独立自主原则、时效性原则和保密原则。

（4）企业定额的编制方法

企业没有自己的企业定额，主要原因有：长期以来，施工企业习惯于依据全国、地区统一定额标准进行计价；部分企业也想编制自己的企业定额，但是由于工作量大，缺乏专业定额制定人员而无法实现；部分企业则是由于不重视企业定额的作用。随着工程计价改革的不断深入，越来越多的施工企业开始重视企业定额的作用，企业定额的编制工作也越来越引起施工企业的关注。

施工企业定额根据其作用要求不同，有不同的形式，如果主要用于计算工人劳动报酬，组织施工生产的，主要编制施工定额，其内容形式可与统一的劳动定额一致；如果要用于投标报价的，则要编制计价定额，其内容形式可与统一基础定额、消耗量定额等一致。

编制企业定额的方法与其他定额的编制方法基本一致，主要有定额修正法、经验统计法、现场观察测定法和理论计算法等。

确定人工消耗量，首先是根据企业环境，拟定正常施工作业条件，分别计算测定基本用工和其他用工的工日数，进而拟定施工作业的定额时间。

确定材料消耗量，是通过企业历史数据统计分析、理论计算、试验室试验和实地考察等方法，计算测定包括周转材料在内的净用量和损耗量，从而拟定材料消耗的定额指标。

机械台班消耗量的确定，同样需要按企业环境、拟定机械工作的正常施工作业条件，确定机械工作效率和利用系数，据此拟定施工机械作业的定额台班与机械作业相关的工人小组定额时间。

（二）预算定额

1. 预算定额的概念

预算定额是建筑工程预算定额和安装工程预算的总称。随着我国推行工程量清单计价，一些地方出现了综合定额、工程量清单计价定额和工程消耗量定额等定额类型，但其本质上仍应归于预算定额一类，它是编制施工图预算的重要依据。

预算定额是计算和确定一个规定计量单位的分项工程或结构构件的人工、材料和施工机械台班消耗的数量标准。

2. 预算定额的作用

①是编制施工图预算、确定工程造价的依据。

②是建筑安装工程在工程招投标中确定标底和标价的依据。

③是建筑单位拨付工程价款、建设资金和编制竣工结算的依据。

④是施工企业编制施工计划，确定劳动力、材料、机械台班需用量计划和统计完成工

程量的依据。

⑤是施工企业实施经济核算制、考核工程成本的参考依据。

⑥是对设计方案和施工方案进行技术经济评价的依据。

⑦是编制概算定额的基础。

3. 预算定额的编制原则

①社会平均水平的原则。预算定额理应遵循价值规律的要求，按生产该产品的社会平均必要劳动时间来确定其价值。这就是说，在正常施工条件下，以平均的劳动强度、平均的技术熟练程度，在平均的技术装备条件下，完成单位合格产品所需的劳动消耗量就是预算定额的消耗量水平。这种以社会平均劳动时间来确定的定额水平，就是通常所说的社会平均水平。

②简明适用的原则。定额的简明与适用是统一体中的两个方面，如果只强调简明，适用性就差；如果只强调适用，简明性就差。因此，预算定额要在适用的基础上力求简明。

4. 预算定额的编制依据

①全国统一劳动定额、全国统一基础定额。

②现行的设计规范、施工验收规范、质量评定标准和安全操作规程。

③通用的标准图和已选定的典型工程施工图纸。

④推广的新技术、新结构、新材料、新工艺。

⑤施工现场测定资料、试验资料和统计资料。

⑥现行预算定额及基础资料和地区资料预算价格、工资标准及机械台班单价。

5. 预算定额的编制步骤

预算定额的编制一般分为以下三个阶段进行：

（1）准备工作阶段

①根据国家或授权机关关于编制预算定额的指示，由工程建设定额管理部门主持，组织编制预算定额的领导机构和各专业小组。

②拟订编制预算定额的工作方案，提出编制预算定额的基本要求，确定预算定额的编制原则、适用范围，确定项目划分及预算定额表格形式等。

③调查研究、收集各种编制依据和资料。

（2）编制初稿阶段

①对调查和收集的资料进行深入细致的分析研究。

②按编制方案中项目划分的规定和所选定的典型施工图纸计算出工程量，并根据确定的各项消耗指标和有关编制依据，计算分项定额中的人工、材料和机械消耗量，编制出预算定额项目表。

③测算预算定额水平。预算定额征求意见稿编出后，应将新编预算与原预算定额进行比较，测算新预算定额水平是提高还是降低，并分析预算定额水平提高或降低的原因。

（3）修改和审查计价定额阶段。

组织基本建设有关部门讨论《预算定额征求意见稿》，征求的意见交编制小组重新修改定额，并写出预算定额编制说明和送审报告，连同预算定额送审稿报送主管机关审批。

6. 预算定额各消耗量指标的确定

（1）预算定额计量单位的确定

预算定额计量单位的选择，与预算定额的准确性、简明适用性及预算工作的繁简有着密切的关系。因此，在计算预算定额各种消耗量之前，应首先确定其计量单位。

在确定预算定额计量单位时，首先，应考虑该单位能否反映单位产品的工、料消耗量，保证预算定额的准确性；其次，要有利于减少定额项目，保证定额的综合性；最后，要有利于简化工程量计算和整个预算定额的编制工作，保证预算定额编制的准确性和及时性。

由于各分项工程的形体不同，预算定额的计量单位应根据上述原则和要求，按照分项工程的形体特征和变化规律来确定，凡物体的长、宽、高三个度量都在变化时，应采用 m^3 为计量单位。当物体有一固定的不同厚度，而它的长和宽两个度量所决定的面积不固定时，宜采用 m^2 为计量单位。如果物体截面形状大小固定，但长度不固定时，应以“延长米”为计量单位。有的分部分项工程体积、面积相同，但质量和价格差异很大（如：金属结构的制作、运输、安装等），应当以质量单位 kg 或 t 计算。有的分项工程还可以按“个”“组”“座”“套”等自然计量单位。

预算定额单位确定以后，在预算定额项目表中，常采用所取单位的 10 倍、100 倍等倍数的计量单位来制定预算定额。

（2）指标的确定

根据劳动定额、材料消耗定额、机械台班定额来确定消耗量指标。

①按选定的典型工程施工图及有关资料计算工程量。计算工程量的目的是综合组成分项工程各实物量的比重，以便采用劳动定额、材料消耗定额计算出综合后的消耗量。

②人工消耗指标的确定。预算定额中的人工消耗指标是完成该分项工程必须消耗的各种用工，包括基本用工、材料超运距用工、辅助用工和人工幅度差。

a. 基本用工。基本用工指完成该分项工程的主要用工。如：砌砖工程中的砌砖、调制砂浆、运砖等用工。将劳动定额综合成预算定额的过程中，还要增加砌附墙烟囱孔、垃圾道等的用工。

b. 材料超运距用工。预算定额中的材料、半成品的平均运距要比劳动定额的平均运距远，因此超过劳动定额运距的材料要计算超运距用工。

c. 辅助用工。辅助用工指施工现场发生的加工材料等的用工，如：筛沙子、淋石灰膏的用工。

d. 人工幅度差。人工幅度差主要指正常施工条件下，劳动定额中没有包含的用工因素。例如，各工种交叉作业配合工作的停歇时间，工程质量检查和隐蔽工程验收等所占的时间。

③材料消耗指标的确定。由于预算定额是在基础定额的基础上综合而成的，所以其材料用量也要综合计算。

④施工机械台班消耗指标的确定。预算定额的施工机械台班消耗指标的计量单位是台班。按现行规定，每个工作台班按机械工作 8 小时计算。

预算定额中的机械台班消耗指标应按全国统一劳动定额中各种机械施工项目所规定的台班产量进行计算。

预算定额中以使用机械为主的项目（如：机械挖土、空心板吊装等），其工人组织和台班产量应按劳动定额中的机械施工项目综合而成。此外，还要相应增加机械幅度差。

预算定额项目中的施工机械是配合工人班组工作的，所以施工机械要按工人小组配置使用。例如，砌墙是按工人小组配置塔吊、卷扬机和砂浆搅拌机等。配合工人小组施工的机械不增加机械幅度差。

7. 编制定额项目表

当分项工程的人工、材料和机械台班消耗量指标确定后，就可以着手编制定额项目表。

在项目表中，工程内容可以按编制时即包括的综合分项内容填写；人工消耗量指标可按工种分别填写工数；材料消耗量指标应列出主要材料名称、单位和实物消耗量；机械台班使用量指标应列出主要施工机械的名称和台班数。人工和中小型施工机械也可按“人工费和中小型机械费”表示。

8. 预算定额的编排

定额项目表编制完成后，对分项工程的人工、材料和机械台班消耗量列出单价（基期价格），从而形成以货币形式表示的有量有价的预算定额。各分部分项所汇总的价称为基价。在具体应用中，预算定额要按工程所在地的市场价格进行价差调整，体现量、价分离的原则，即定额量、市场价原则。预算定额主要包括文字说明、分项定额消耗量指标和附录。

（1）定额文字说明包括总说明、分部说明和分节说明

①总说明：a. 编制预算定额各项依据。b. 预算定额的适用范围。c. 预算定额的使用规定及说明。

②建筑面积计算规则。

③分部说明：a. 分部工程包括的子目内容。b. 有关系数的使用说明。c. 工程量计算规则。d. 特殊问题处理方法的说明。

④分节说明。主要包括本节定额的工程内容说明。

（2）附录

①建筑安装施工机械台班单价表。

②砂浆、混凝土配合比表。

③材料、半成品、成品损耗率表。

④建筑工程材料基价。

附录的主要作用是用于对预算定额的分析、换算和补充。

（三）基础单价

预算定额中人工、材料和机械台班消耗量确定后，就需要确定人工、材料和机械台班消耗量的单价。

1. 材料单价

材料单价一般称为材料预算价格，又称为材料基价。

（1）材料预算价格的概念及其组成

①材料预算价格的概念。材料预算价格是指材料由其来源地（或交货地）运至工地仓库堆放场地后的出库价格。这里指的材料包括构件、半成品及成品。

②材料预算价格的组成。材料预算价格由下列费用组成：

a. 材料原价（供应价格）。

b. 包装费。

c. 材料运杂费。

d. 运输损耗费。

e. 采购及保管费。

f. 检验试验费。

（2）材料预算价格中各项费用的确定

①材料原价（或供应价格）。材料原价是指材料的出厂价格、进口材料抵岸价或销售部门的批发价和市场采购价（或信息价）。

在确定材料原价时，如果为同一种材料，因来源地、供应单位或生产厂家不同，有几种价格时，要根据不同来源地的供应数量比例，采取加权平均的方法计算其材料的原价。

②包装费。包装费是为了便于材料运输和保护而进行包装所需的一切费用。包装费包括包装品的价值和包装费用。

包装器材如有回收价值，应考虑回收价值；地区有规定者，按地区规定计算；地区无规定者，可根据实际情况确定。凡由生产厂家负责包装的产品，其包装费已计入材料原价内，不再另行计算，但应扣回包装器材的回收价值。

③运杂费。材料运杂费是指材料由其来源地（交货地点）起（包括经中间仓库转运）运至施工地仓库或堆放场地止，全部运输过程中所支出的一切费用，包括车船等的运输费、调车费、出入仓库费和装卸费等。

④运输损耗费：材料运输损耗是指材料在运输和装卸搬运过程中不可避免的损耗。一般通过损耗率来规定损耗标准。其计算公式为：

材料运输损耗费=（材料原价+材料运杂费）×运输损耗率

⑤采购及保管费。材料采购及保管费是指为组织采购、供应和保管材料过程中所需的各项费用。包括采购费、仓储费、工地保管费、仓储损耗。其计算公式为：

材料采购及保管费=（材料原价+运杂费+运输损耗费）×采购及保管费率

上述费用的计算可以综合成一个计算式：

材料预算价格=［（材料原价+运杂费）×（1+运输损耗费率）］×（1+采购及保管费率）

⑥检验试验费。检验试验费是指对建筑材料、构件和建筑安装物进行一般鉴定、检查所发生的费用。检验试验费包括自设试验室进行试验所耗用的材料和化学药品等费用，不包括新结构、新材料的试验费，以及建设单位对具有出厂合格证明的材料进行检验，对构件做破坏性试验及其他特殊要求检验试验的费用。其计算公式为：

检验试验费=Σ（单位材料量检验试验费×材料消耗量）

当发生检验试验费时，材料费中还应加上此项费用。

2. 机械台班单价

（1）机械台班单价的概念

机械台班单价，亦称施工机械台班使用费，它是指单位工作台班中为使机械正常运转所分摊和支出的各项费用。

（2）机械台班单价的组成

施工机械台班单价按有关规定由七项费用组成，这些费用按其性质分为第一类费用和第二类费用。

①第一类费用。第一类费用亦称不变费用，是指属于分摊性质的费用，包括折旧费、大修理费、经常修理费和机械安拆费。

②第二类费用。第二类费用亦称可变费用，是指属于支出性质的费用，包括燃料动力费、人工费、其他费用（养路费及车船使用税、保险费及年检费）等。

3. 定额基价

定额基价，亦称分项工程单价，一般是指在一定使用期范围内建筑安装单位产品的不完全价格。

定额基价相对比较稳定，有利于简化概（预）算的编制工作。定额基价之所以是不完全价格，是因为它只包含了人工、材料和机械台班的费用，只能算出直接费。为了适应社会主义市场经济发展的需要，随着工程造价改革的进一步深化，按照要求也可编出建筑安装产品的完全费用单价。这种单价除了包括人工、材料和机械台班三项费用外，还包括管理费、利润等费用，形成工程量清单项目的综合单价的基价，为发承包双方组成工程量清单项目综合单价构建了平台。目前，我国已有不少省、市、自治区采用此法，取得了成效。

定额基价是确定分项工程的基准价，编制的全国定额基价采用北京市价格为基价，各省、市、自治区编制的定额采用省会（首府）所在地价格，使用时在基价的基础上，根据工程所在地的市场价进行调整。定额基价具有下列优点：一是定额基价相对比较稳定，有利于简化概（预）算的编制工作；二是有利于建立统一建筑市场，实行统一的预算定额，避免各地市等编制单位估价表后还要调价差的烦琐。

（1）基价的编制依据

①现行的预算定额。

②现行的日工资标准，目前日工资标准通常采用建筑劳务市场的价格。

③现行的地区材料预算价格。

④现行的施工机械台班价格。

（2）基价的确定方法

定额基价由若干个计算出的项目的单价构成，计算公式为：

$$定额基价=人工费+材料费+机械费$$

式中：人工费=定额项目工日数×综合人工工日单价

$$材料费=\sum（定额项目材料用量\times材料单价）$$

$$机械费=\sum（定额项目台班量\times机械台班单价）$$

（3）确定定额项目基价的步骤

①填写人工、材料、机械台班单价。

②计算人工费、材料费、机械费和分项工程基价。

③复核计算过程。

④报送审批。

（4）定额基价的套用

当施工图的设计要求与预算定额的项目内容一致时，可直接套用预算定额。在编制单位工程施工图预算的过程中，大多数项目可以直接套用预算定额。套用时应注意以下三点：

①根据施工图纸、设计说明和做法说明选择定额项目。

②要从工程内容、技术特征和施工方法上仔细核对，准确地确定相对应的定额项目。

③分项工程项目名称和计量单位要与预算定额相一致。

（5）定额基价的换算

当施工图中的分项工程项目不能直接套用预算定额时，就产生了定额的换算。

①换算类型。预算定额的换算类型有以下三种：a. 配合比材料不同时的换算。b. 系数的换算。按定额说明规定对定额中的人工费、材料费、机械费乘以各种系数的换算。c. 其他换算。

②换算的基本思路。根据某一相关定额，按定额规定换入增加的费用，减少扣除的费用。这一思路用下式表述：

换算后的定额基价=原定额基价+换入的费用-换出的费用

③适用范围。适用于砂浆强度等级、混凝土强度等级、抹灰砂浆及其他配合比材料与定额不同时的换算。

（四）概算定额和概算指标

1. 概算定额

（1）概念

概算定额又称扩大结构定额，规定了完成单位扩大分项工程或结构构件所必须消耗的人工、材料和机械台班的数量标准。

概算定额是由预算定额综合而成的。按照《建设工程工程量清单计价规范》的要求，为适应工程招标投标的需要，有的地方的预算定额项目的综合有些已与概算定额项目一致，如：挖土方只有一个项目，不再划分一、二、三、四类土；砖墙也只有一个项目，综合了外墙、半砖、一砖、一砖半、二砖、二砖半墙等；化粪池、水池等按座计算，综合了土方、砌筑或结构配件等全部项目。

（2）概算定额的主要作用

①是扩大初步设计阶段编制设计概算和技术阶段编制修正概算的依据。

②是对设计项目进行技术经济分析和比较的基础资料之一。

③是编制项目主要材料计划的参考依据。

④是编制概算指标的依据。

⑤是编制概算阶段招标标底和投标报价的依据。

（3）概算定额的编制依据

①现行的预算定额。

②选择的典型工程施工图和其他有关资料。

③人工工资标准、材料预算价格和机械台班预算价格。

（4）概算定额的编制步骤

①准备工作阶段。该阶段的主要工作是确定编制机械和人员组成，进行调查研究，了解现行概算定额的执行情况和存在问题，明确编制定额的项目。在此基础上，制订出编制方案和确定概算定额项目。

②编制初稿阶段。该阶段根据制订的编制方案和确定的定额项目，收集和整理各种数据，对各种资料进行深入细致的测算分析，确定各项目的消耗指标，最后编制出定额初稿。

该阶段要测算概算定额水平。内容包括两个方面：新编概算定额与原概算定额的水平测算；概算定额和预算定额的水平测算。

③审查定稿阶段。该阶段要组织有关部门讨论定额初稿，在听取合理意见的基础上进行修改。最后将修改稿报请上级主管部门审批。

2. 概算指标

（1）概算指标的概念

概算指标是以整个建筑物或构筑物为对象，以“m^2”“m^3”或“座”等为计量单位，规定了人工、材料和机械台班的消耗指标的一种标准。

（2）概算指标的主要作用

①是基本建设管理部门编制投资估算和编制基本建设计划，也是估算主要材料用量计划的依据。

②是设计单位编制初步设计概算、选择设计方案的依据。

③是考核基本建设投资效果的依据。

（3）概算指标的主要内容和形式

概算指标的内容和形式没有统一的格式，一般包括以下内容：

①工程概况。包括建筑面积、建筑层数、建筑地点、时间、工程各部位的结构及做法等。

②工程造价及费用组成。

③每 m^2 建筑面积的工程量指标。

④每 m^3 建筑面积的工料消耗指标。

三、工程造价指数

（一）工程造价指数的概念

工程造价指数是反映一定时期内由于价格变化对工程造价影响程度的一种指标。它反映了工程造价报告期与基期相比的价格变动程度与趋势，是分析价格变动趋势及其原因、估计工程造价变化对宏观经济的影响、承发包双方进行工程估价和结算的重要依据。

工程造价指数一般按照工程的范围不同划分为单项价格指数和综合价格指数两类。单项价格指数是分别反映各类工程的人工、材料、施工机械及主要设备等单项费用报告期对基期价格的变化程度指标，如：人工费价格指数、主要材料价格指数、施工机械台班价格指数和主要设备价格指数等；综合价格指数是综合反映不同范围的工程项目中各类综合费用报告期对基期价格的变化程度指标，如：建筑安装工程直接费造价指数、其他直接费及间接费价格指数、建筑安装工程造价指数、工程建设其他费用指数、单项工程或建设项目造价指数等。工程造价指数还可根据不同基期划分为定基指数和环比指数。定基指数是各时期价格与某固定时期的价格对比后编制的指数；环比指数是各时期价格都以其前一期价格为基础编制的指数，工程造价指数一般以定基指数为主。

（二）工程造价指数的编制

在市场价格水平发生经常波动的情况下，建设工程造价及其各组成部分也处于不断变化之中。这不仅使不同时期的工程在“量”与“价”上都失去了可比性，而且给合理确定和有效控制造价造成了困难。根据工程建设的特点，编制工程造价指数是解决这些问题的最佳途径。

以合理方法编制的工程造价指数，不仅能够较好地反映工程造价的变化趋势和变化幅度，而且可以剔除价格水平变化对造价的影响，正确反映建筑市场的供求关系和生产力发展水平。

工程造价指数主要包括建筑安装工程造价指数、设备工器具价格指数和工程建设其他费用指数等，其中建筑安装工程造价指数的作用最为广泛。

1. 建筑安装工程造价指数

①建筑安装工程造价指数的编制特点。建筑安装工程作为一种特殊商品，其价格指数的编制也较一般商品具有独特之处。由于建筑产品采用的是分部组合计价方法，其价格指数也必定要按照一定的层次结构计算，即先要编制投入品价格指数（包括各类人工、材料和机械台班价格指数），接着在投入品价格指数的基础上计算工料机费用指数（即包括人工费指数、材料费指数和机械使用费指数），并进一步汇总出成本指数（包括直接工程费指数和间接费指数等），最后在上述指数基础上，编制建筑安装工程造价指数。建筑安装工程单件性计价的特点决定了工程造价指数应是对造价发展趋势的综合反映，而不仅仅是对某一特定工程的造价分析，即建筑安装工程造价指数计算有很强的综合性，建筑安装工程造价指数的准确性和实用性在很大程度上受到指数结构的合理性和指数编制综合技巧的制约。

②建筑安装工程造价指数的基本计算公式。无论哪个层次的工程造价指数，都可采用拉氏指数公式或派氏指数公式计算。在拉氏指数公式中，权重是固定不变的。

③投入品价格指数的编制。建筑安装工程的投入品包括人工、材料、机械三大类及几百个品种、上千种规格，只能从中选出一定的代表投入品编制价格指数。代表投入品的选择一般基于以下原则：一是实际消耗量较大；二是市场价格变动趋势有代表性；三是价格变动有独立的发展趋势；四是市场价格信息准确、及时；五是生产供应稳定。

代表投入品确定后，还要对投入品市场进行调查。由于市场的广泛性和不确定性，造成同时期的投入品市场价格在有形市场中存在差异，因此，要按投入产品的耗用量或成交量对投入品价格进行加权。

④建筑安装工程造价指数的编制。建筑安装工程造价指数编制通常采用如下方法：根据工料机费用指数和成本指数的计算结果，分别考虑基期和报告期的利税水平，可得到范例工程报告期和基期造价的比值，即建筑安装工程造价指数。我国各地区、部门大都采用这种编制方法。

2. 设备工器具价格指数按照派氏指数公式计算为：

设备工器具价格指数=Σ（报告期设备工器具单价×报告期购置数量）/Σ（基期设备工器具单价×报告期购置数量）

3. 工程建设其他费用价格指数

工程建设其他费用价格指数=报告期每万元投资支出中其他费用/基期每万元投资支出中其他费用

4. 建设项目或单项工程造价指数

建设项目或单项工程造价指数=建筑安装工程造价指数×基期建筑安装工程费用占总造价比例+Σ（单项设备价格指数×基期该项设备费占总造价比例）+工程建设其他费用指数×基期工程建设其他费用占总造价比例

（三）工程造价指数的应用

工程造价指数反映了报告期与基期相比的价格变动趋势，可以利用它来研究实际工作中的以下问题：

①可以利用工程造价指数来分析价格上涨或下跌的原因。

②可以利用工程造价指数来估计工程造价变化对宏观经济的影响。

③工程造价指数是工程承发包双方进行工程估价和结算的重要依据。由于建筑市场供求关系的变化及物价水平的不断上涨，单靠原有定额编制概预算、标底及投标报价已不能适应形势发展的需要。而合理编制的工程造价指数正是对传统定额的重要补充。依据造价指数可对工程概预算做适当的调整，使之与现实造价水平相符合，从而克服了定额静态与僵化的弱点。

第四章　施工管理

施工管理是施工企业经营管理的一个重要组成部分。企业为了完成建筑产品的施工任务，从接受施工任务起到工程验收止的全过程中，围绕施工对象和施工现场而进行的生产事务的组织管理工作。

第一节　施工方的项目管理

一、建设工程项目的定义及特性

（一）项目的定义

项目是指在一定的约束条件下（限定标准、限定时间、限定资源）具有明确目标性的一次性活动任务。项目包括一组独特的过程，其组成包括带有开始日期和结束日期，受协调和控制的活动。项目目标的实现需要提供符合特定要求的可交付成果。在一些项目中，随着项目的进展，目标和范围被更新，产品特性被逐步确定。项目产品通常在项目范围中确定，可以是一项或若干项产品，也可以是有形的或无形的产品。项目组织通常是临时的，是根据项目的生命周期而建立的。项目活动之间相互作用的复杂性与项目规模之间没有必然的联系。

（二）项目的特性

项目的特性包括：

①目的性。任何项目都是为实现特定的组织目标服务的。

②独特性。项目的产品或服务都具有一定的独特之处。

③一次性。项目有自己明确的时间起点和终点，并不是不断重复、周而复始的。

④制约性。每个项目都在一定程度上受客观条件的制约，最主要的制约是资源的制约。

⑤其他特性。包括项目的不确定性、项目的风险性、项目的渐进性、项目成果的不可挽回性、项目组织的临时性和开放性等。

二、建设工程项目管理的定义及特性

（一）项目管理的定义

项目管理是以项目为对象的，依据项目的特点和规律，将方法、工具、技术和能力应用于项目，从而进行高效率的计划、组织、领导、控制和协调，以实现项目目标的过程，项目管理的主要内容包括组织管理、信息管理、造价管理、进度管理、质量管理、安全与环境管理等。项目管理涉及项目生命周期的全过程，在每个阶段都宜有特定的可交付成果，并对可交付成果定期进行审查，以此满足各利益相关方的需求。

项目管理主要涉及项目利益相关方、范围、资源、时间、费用、风险、质量、采购、沟通等方面的启动、策划、执行、监控和收尾。

（二）项目管理的基本特性

项目管理的特性主要包括：

①普遍性。现有各种文明成果最初是通过项目的方式实现的，因此各种运营所依靠的设施与条件都是靠项目活动建设或开发的。

②目的性。项目管理活动都是为“满足或超越项目有关各方对项目的要求与期望”这一目的服务的。

③独特性。它不同于一般的生产运营管理，不同于常规的政府行政管理，是一种完全不同的管理活动。

④集成性。它强调集成管理，对项目各要素和项目各阶段做好集成管理等。

⑤创新性。它是对于创新的管理，项目管理本身需要创新，没有一成不变的模式和方法。

三、项目管理流程与项目生命周期

（一）项目工作阶段划分与管理流程

一个项目可以划分为四个主要工作阶段：项目的定义与决策阶段、项目的计划与设计阶段、项目的实施与控制阶段、项目的完工与交付阶段。

项目管理流程应包括启动、策划、实施、监控和收尾过程，各个过程之间相对独立，又相互联系。项目管理流程是动态管理原理在项目管理的具体应用。

启动过程应明确项目概念，初步确定项目范围，识别影响项目最终结果的相关方（即建设、勘察、设计、施工、监理、供应单位及政府、媒体、协会、相关社区居民等）。

策划过程应明确项目范围，协调项目相关方期望，优化项目目标，为实现项目目标进行项目管理规划与策划。

实施过程应按项目管理策划要求组织人员和资源，实施具体措施，完成项目管理策划中确定的工作。

监控过程应对照项目管理策划，监督项目活动，分析项目进展情况，识别必要的变更需求并实施变更。

收尾过程应完成全部过程或阶段的所有活动，正式结束项目或阶段。

（二）项目的生命周期

1. 项目生命周期的定义

根据控制需要，项目通常被划分为若干阶段。这些阶段遵循一个有始有终的逻辑顺序，并宜使用资源来提供可交付成果。为了在整个项目生命周期中有效地管理项目，宜在每个阶段开展一系列的活动。所有项目阶段组成项目生命周期。

2. 项目生命周期的内容

项目的阶段：项目的主要阶段划分和各主要阶段之间的接续关系。

项目的时限：一个项目或一个项目各个阶段的起点与终点。

项目的任务：项目各阶段的主要任务和主要任务中的主要活动。

项目的成果：项目各阶段的成果，即项目阶段的里程碑。

3. 项目生命周期描述

项目生命周期涵盖从项目开始到其结束的全过程。阶段通过决策点进行划分，根据组织的环境可能会有所不同。决策点有助于项目治理。在最后阶段结束前，项目已提供了所有可交付成果。

项目决策阶段，一般包括编制项目建议书和可行性研究报告。项目建议书是项目法人向国家提出的、要求建设某一工程项目的建议性文件，是对工程项目的轮廓设想，是从拟建项目的必要性和可能性方面进行考虑的。一般项目建议书经批准后，就应进行可行性研究。可行性研究是对工程项目在技术、经济上是否可行进行科学分析和论证的工作，是技术经济的深入论证阶段，为项目决策提供依据。经批准的可行性研究报告是工程项目实施的依据。

设计准备阶段，设计任务书是设计的主要依据。编制设计任务书时，应按有关规定执行，其深度应能满足开展设计的要求。设计单位必须积极参加设计任务书的编制、建设地址的选择、建设规划和试验研究等方面的设计前期工作。

设计阶段，工程设计一般分阶段进行。初步设计一般是根据可行性研究报告的要求所做的具体实施方案。初步设计主要是为了论证拟建项目在技术上的可行性和经济上的合理性，编制项目总概算。技术设计主要是对初步设计阶段中无法解决而又需要进一步解决的问题进行的设计，但并不是每项工程所必需的。施工图设计应能完整地表现建筑物外形、内部空间分割、结构体系、构造状况及建筑群的布局和周围环境的配合，具有详细的构造尺寸。经过审核的施工图设计文件应作为施工单位进行施工的依据。

施工阶段，工程项目经批准开工，进入项目施工阶段。工程项目开工时间是指项目设计文件中规定的任何一项永久性工程第一次破土开槽开始施工的日期；不需要开槽的，开工时间为正式开始打桩的日期。施工活动应按设计要求、合同条款、规程规范、施工组织设计进行，保证工程项目的投资、质量和进度目标能够实现。

竣工验收阶段，一般包括两种验收，即完工验收和竣工验收。完工验收是指一个工程项目的施工合同完成后，由承包人将合同工程移交给业主所进行的验收。竣工验收是指整个工程项目完工并投产后，由相关建设主管部门、管理机构、质量监督机构、造价管理机构等代表组成的验收委员会组织对工程的验收。竣工验收对促进工程项目及时投产、发挥投资效益及总结经验均有重要作用。

保修阶段，工程项目投入使用后进入项目保修阶段，保修开始的时间一般为业主的进度目标，如：宾馆可以开业时间、道路可以通车时间、工厂可以投产时间等。保修期是工程竣工之后，承包人对该竣工工程负责保修的期限。保修期的时间在承包合同中规定。

（三）项目管理基本规定

1. 一般规定

组织应识别项目需求和项目范围，根据自身项目管理能力、相关方约定及项目目标之间的内在联系，确定项目管理目标。

组织应遵循策划、实施、检查、处置的动态管理原理，确定项目管理流程，建立项目管理制度，实施项目系统管理，持续改进管理绩效，提高相关方满意水平，确保实现项目管理目标。

2. 项目范围管理与项目

项目范围管理的过程应包括下列内容：

①范围计划；

②范围界定；

③范围确认；

④范围变更控制。

项目管理机构应按项目管理流程实施项目管理。项目管理流程应包括启动、策划、实施、监控和收尾过程，各个过程之间既相对独立，又相互联系。具体要求如下：

①启动过程应明确项目概念，初步确定项目范围，识别影响项目最终结果的内外部相关方；

②策划过程应明确项目范围，协调项目相关方期望，优化项目目标，为实现项目目标进行项目管理规划与项目管理配套策划；

③实施过程应按项目管理策划要求组织人员和资源，实施具体措施，完成项目管理策划中确定的工作；

④监控过程应对照项目管理策划，监督项目活动，分析项目进展情况，识别必要的变更需求并实施变更；

⑤收尾过程应完成全部过程或阶段的所有活动，正式结束项目或阶段。

3. 项目环境

项目环境通常会影响到项目绩效和成功。常见的项目环境可分为组织边界以外的环境和组织边界以内的项目。

组织边界之外的因素可通过施加制约因素或引入影响项目的风险而对项目产生影响。虽然这些因素往往在项目经理的控制范围以外，但它们仍然宜应考虑，如：社会经济、地理、政治、管理、技术和生态。

项目通常存在于一个包括其他活动的更大组织内。在此情况下，存在项目及其环境、业务规划和运营之间的关系。项目前和项目后的活动可包括诸如项目建议书编制、组织可行性研究和过渡到运营的各种活动。这也就造成了项目常会受到组织边界以内的因素影响。常见的组织边界以内的因素包括战略、技术、项目管理成熟度、资源可用性、组织文化和结构。

项目可在项目群和项目组合内进行组织。项目组合通常是为了实现战略目标，对项目、项目群和其他工作进行组合，从而促进有效管理而形成的集合。项目组合管理通常是一个或多个项目组合的集中性管理，包括识别、确定优先权重、行使权力、指挥和控制项目、项目群和其他工作，以实现特定的战略目标。通过项目组合管理体系，组织识别和选定机遇，开展项目的批准和管理，可能会是合适的。

4. 项目制约因素

项目的制约因素的类型有多种，因为制约因素通常相互依存，将特定的制约因素与其他因素进行平衡，对项目经理而言至关重要。项目可交付成果宜满足对项目的要求并与任何规定的制约因素相关联，例如，范围、质量、进度、资源和费用。制约因素通常相互关联，一个因素中的变化可影响一个或多个其他制约因素。因此，制约因素可对项目管理过程中的决策产生影响。

常见的制约因素包括：项目的持续时间或目标日期；项目预算的可用性；项目资源的可用性，如：人、设施、设备、材料、基础设施、工具及开展与项目需求相关的项目活动所需的其他资源；有关人员健康和安全的因素；风险暴露的可接受水平；项目的潜在社会或生态影响；法律、法规和其他法定要求等。

5. 项目管理制度

组织应建立项目管理制度。项目管理制度应包括下列内容：

①规定工作内容、范围和工作程序、方式的规章制度；

②规定工作职责、职权和利益的界定及其关系的责任制度。

组织应根据项目管理流程的特点，在满足合同和组织发展需求条件下，对项目管理制度进行总体策划。根据项目管理范围确定项目管理制度，在项目管理各个过程规定相关管理要求并形成文件。实施项目管理制度，建立相应的评估与改进机制。必要时，应变更项目管理制度并修改相关文件。

6. 项目管理持续改进

组织应确保项目管理的持续改进，将外部需求与内部管理相互融合，以满足项目风险预防和组织的发展需求。组织应在内部采用下列项目管理持续改进的方法：

①对已经发现的不合格采取措施予以纠正；

②针对不合格的原因采取纠正措施予以消除；

③对潜在的不合格原因采取措施防止不合格的发生；

④针对项目管理的增值需求采取措施予以持续满足。

组织应在过程实施前评审各项改进措施的风险，以保证改进措施的有效性和适宜性。组织应对员工在持续改进意识和方法方面进行培训，使持续改进成为员工的岗位目标。组织应对项目管理绩效的持续改进进行跟踪指导和监控。

7. 项目管理机构

项目管理机构应承担项目实施的管理任务和实现目标的责任。项目管理机构应由项目管理机构负责人领导，接受组织职能部门的指导、监督、检查、服务和考核，负责对项目资源进行合理使用和动态管理。项目管理机构应在项目启动前建立，在项目完成后或按合同约定解体。

建立项目管理机构应遵循下列规定：

①结构应符合组织制度和项目实施要求；

②应有明确的管理目标、运行程序和责任制度；

③机构成员应满足项目管理要求及具备相应资格；

④应确定机构成员的职责、权限、利益和须承担的风险；

⑤组织分工应相对稳定并可根据项目实施变化进行调整。

建立项目管理机构应遵循下列步骤：

①根据项目管理规划大纲、项目管理目标责任书及合同要求明确管理任务；

②根据管理任务分解和归类，明确组织结构；

③根据组织结构，确定岗位职责、权限及人员配置；

④制定工作程序和管理制度；

⑤由组织管理层审核认定。

项目管理机构的管理活动应符合下列要求：

①应执行管理制度；

②应履行管理程序；

③应实施计划管理，保证资源的合理配置和有序流动；

④应注重项目实施过程的指导、监督、考核和评价。

8. 项目管理目标责任书

项目管理目标责任书应在项目实施之前，由组织法定代表人或其授权人与项目管理机构负责人协商制定。项目管理目标责任书应属于组织内部明确责任的系统性管理文件，其内容应符合组织制度要求和项目自身特点。

编制项目管理目标责任书应依据下列信息：

①项目合同文件；

②组织管理制度；

③项目管理规划大纲；

④组织经营方针和目标；

⑤项目特点和实施条件与环境。

项目管理目标责任书宜包括下列内容：

①项目管理实施目标；

②组织和项目管理机构职责、权限和利益的划分；

③项目现场质量、安全、环保、文明、职业健康和社会责任目标；

④项目所需资源的获取和核算办法；

⑤项目设计、采购、施工、试运行管理的内容和要求；

⑥法定代表人向项目管理机构负责人委托的相关事项；

⑦项目管理机构负责人和项目管理机构应承担的风险；

⑧项目管理效果和目标实现的评价原则、内容和方法；

⑨项目应急事项和突发事件处理的原则和方法；

⑩项目实施过程中相关责任和问题的认定和处理原则；

⑪项目完成后对项目管理机构负责人的奖惩依据、标准和办法；

⑫缺陷责任期、质量保修期及之后对项目管理机构负责人的相关要求；

⑬项目管理机构负责人解职和项目管理机构解体的条件及办法。

组织应对项目管理目标责任书的完成情况进行考核和认定，并根据考核结果和项目管理目标责任书的奖惩规定，对项目管理机构负责人和项目管理机构进行奖励或处罚。

项目管理目标责任书应根据项目实施变化进行补充和完善。

第二节　施工管理的组织

一、组织与项目管理机构的定义

组织是指为实现其目标而具有职责、权限和关系等自身职能的个人与团体。项目管理机构是指根据组织授权直接实施项目管理的单位，可以是项目管理公司、项目部、工程监理部等。定义项目组织的目的是确保来自项目参与各方的所有必要承诺。宜按照项目的性质和复杂程度定义与项目相关的角色、职责和权限，并宜考虑执行组织的现有政策。项目组织结构的定义包括确定所有团队成员和直接参与项目工作的其他人员。

二、管理层次与管理幅度

管理层次亦称管理层级，是指组织的纵向等级结构和层级数目。管理层次是以人员劳动的垂直分工和权力的等级属性为基础的。不同的行政组织其管理层次的多寡不同，但多数可以分为上、中、下三级或高、中、低、基层四级。前者如通用的部、局、处三级建制，后者如国务院、省政府、县政府、乡政府四级领导体制。但无论哪一种组建方式，其上下之间都有比较明确和严格的统属关系，都是自上而下的金字塔结构。

管理幅度，又称管理宽度、管理跨度，是指在一个组织结构中，一名领导者直接领导的下属人员的数目，包含计划、组织、领导、控制的职能，它对组织中管理层次的多少有着直接的影响。管理幅度与管理层次的关系是组织人数固定的情况下，管理幅度大小与管理层次存在反比关系。

三、组织结构

（一）概述

组织就是以一个共同目标为中心，进行分工与协作的过程，并由此建立的一种职权结构形式。组织要素包括人员、岗位职务、职责与权力、信息和目标。组织理论的实质是研究如何合理而有效地进行分工和协作。

（二）组织结构形式

组织结构反映在组织图中就是组织结构图。组织结构图说明了一个组织内部一整套的主要活动和流程。

组织中的信息流，是指在实现组织整体任务时，组织的设计应能提供纵横两个方向的信息流。纵向信息是为实现组织纵向之间的管理控制服务，而横向信息是为更好实现组织横向的协调与合作服务。

四、组织的流程

（一）流程的定义与特征

组织结构可以反映组织的静态特性，而组织流程则反映了组织的动态特性。组织流程的不同是一组织区别另一组织的关键。

流程的定义：组织流程是指为完成某一目标（或任务）而进行的一系列逻辑相关活动的有序的集合。

流程的特点包括：

①目的性。组织的流程是为完成某一目标或任务而产生的。

②整体性。一个流程至少是由两个活动组成的，并且活动之间存在一定的联系。

③动态性。流程总是处于一种动态的变化之中。

④层次性。组成高层次流程的活动，有的本身又是个流程，可以对其进行展开。

⑤结构性。有串联、并联（并发与选择）与反馈三种结构。

（二）流程的基本要素及分类

组织流程的基本要素是指包含于一切组织流程中的最基本的、不可或缺的成分。

流程把一定的投入经过这一系列活动的共同作用转化成为一定的产出。根据流程的投入对象的不同可将流程分为实物流程、信息流程和事务流程。

①实物流程：又称物质流程。流程的输入和输出中均具有有形实物成分，这些有形成分经过一系列活动的作用后发生了变化。如：幕墙结构深化设计工作流程、外立面施工工作流程及弱电工程物资采购工作流程等。

②信息流程：流程的输入输出成分均只有信息类成分。它既是其他各种流程的表现和描述，又是用于掌握、指挥和控制其他流程运行的软资源。如：生成与进度报告有关的数据处理流程。

③事务流程：又称管理工作流程。它是组织对管理对象进行管理时所规定的工作流程。如：投资控制、进度控制、设计变更、合同管理等。

五、施工组织设计的内容和编制方法

（一）施工组织设计编制

施工组织设计按编制对象，可分为施工组织总设计、单位工程施工组织设计和分部（分项）工程施工组织设计。

1. 施工组织设计的编制原则

施工组织设计的编制必须遵循工程建设程序，并应符合下列原则：

①符合施工合同或招标文件中有关工程进度、质量、安全、环境保护、造价等方面的要求；

②积极开发、使用新技术和新工艺，推广应用新材料和新设备；

③坚持科学的施工程序和合理的施工顺序，采用流水施工和网络计划等方法，科学配置资源，合理布置现场，采取季节性施工措施，实现均衡施工，达到合理的经济技术指标；

④采取技术和管理措施，推广建筑节能和绿色施工；

⑤与质量、环境和职业健康安全三个管理体系有效结合。

2. 施工组织设计的编制依据

施工组织设计的编制依据如下：

①与工程建设有关的法律、法规和文件；

②国家现行有关标准和技术经济指标；

③工程所在地区行政主管部门的批准文件，建设单位对施工的要求；

④工程施工合同或招标投标文件；

⑤工程设计文件；

⑥工程施工范围内的现场条件，工程地质及水文地质、气象等自然条件；

⑦与工程有关的资源供应情况；

⑧施工企业的生产能力、机具设备状况、技术水平等；

⑨类似工程项目的施工经验材料等。

3. 施工组织设计编制的目的

应本着对建设单位高度负责的态度，从严控制工程质量，不仅要保证工程质量，同时要认真做好安全文明施工和环境保护。并据此编制出详细的施工方案，用以指导和规范工程施工，确保优质、高速、安全、文明地完成目标工程的施工任务。

4. 施工组织设计的编制策略

（1）施工组织设计的分类

自实行招投标体制后，施工组织设计一般分为投标时的指导性施工组织设计和施工时的实施性施工组织设计。

指导性施工组织设计是指参加工程投标时施工单位根据招标文件的要求，结合本单位具体情况编制的施工组织设计，是投标书中的重要技术文件。

实施性施工组织设计是在工程中标后，施工单位在指导性施工组织设计的基础上，进行修改、补充、优化或重新编制的施工组织设计，是指导工程施工的重要技术经济文件。

（2）指导性施工组织设计编制策略

①积极响应招标文件，做到“四个一致”。施工组织设计必须满足招标文件的要求，编制施工组织设计时应做到“四个一致”，即与招标文件的规定一致；与设计文件的要求一致；与现场的实际情况一致；与评标方法一致。

②应反映投标人的技术水平和综合实力。施工组织设计要全面反映出投标人采用的施工方案、方法的合理性，工艺指标的先进性，以及组织安排的合理性，使招标人和评标委员能够了解到施工单位的施工技术水平、组织管理能力和综合实力。

③施工组织设计编制时，应文字简练、突出重点、逻辑性强、图文并茂。

④施工组织设计编制后，应加强其审核与校对，避免低级错误的出现，如工程用语不规范、文内前后不一致、计量单位用错等。

（3）实施性施工组织设计编制策略

①施工组织设计编制前应做好准备工作。主要的准备工作包括熟悉招标文件，了解业主的要求和意图；熟悉设计文件，了解设计意图，清楚工程的重点、技术难点；掌握国内外类似工程的有关信息；组织现场施工调查，核对施工图纸，掌握地形特点，熟悉施工周边环境，了解当地资源；等等。

②选择最合理的施工方案。施工方案主要内容包括施工方法的确定、施工机械的配套、施工顺序的安排等，它与工期、质量、安全、效益密切相关。施工方案是决定整个工程的关键，在很大程度上决定了施工组织设计的质量。同一个工程可能有多个方案，应根据工程特点、工期要求、施工条件等因素，本着“高效”的原则，筛选一个最合理的施工方案。

③施工进度图、施工平面布置图。施工进度图是施工组织设计的重要组成部分，也是指导施工生产顺利进行的主要工具。施工进度图反映了工程从施工准备开始到工程竣工的全部施工过程，反映了各分部工程之间的相互联系、相互制约，也反映了施工工期的关键线路。施工平面布置图，是按照施工方案和施工进度计划的要求，对施工场地内的运输道路，水电供应网络设施，材料、机械存放、加工场地，辅助生产设施，临时设施，施工围挡等做出合理的规划布置。合理的施工平面布置可以使施工过程中运输距离缩短、倒运次

数减少、相互干扰减小，利于施工和管理，是提高工效、降低成本的重要途径。

④施工机械的选择。应按照实际情况，在满足施工进度要求的前提下，选择机械性能好、污染小，且适用生产的施工机械，同时应保证配套使用。

⑤应积极采用先进施工技术和设备，推广新技术、新结构、新工艺、新材料，改善作业环境，减轻劳动强度，提高生产效率。

5. 施工组织设计的编制程序和审批

施工组织设计应由项目负责人主持编制，可根据需要分阶段编制和审批；施工组织总设计应由总承包单位技术负责人审批；单位工程施工组织设计应由施工单位技术负责人或技术负责人授权的技术人员审批；施工方案应由项目技术负责人审批；重点、难点分部（分项）工程和专项工程施工方案应由施工单位技术部门组织相关专家评审，施工单位技术负责人批准。

由专业承包单位施工的分部（分项）工程或专项工程的施工方案，应由专业承包单位技术负责人或技术负责人授权的技术人员审批；有总承包单位时，应由总承包单位项目技术负责人核准备案；规模较大的分部（分项）工程和专项工程的施工方案应按单位工程施工组织设计进行编制和审批。

6. 施工组织设计的动态管理

施工组织设计应实行动态管理，项目施工过程中，发生下列情况之一时，施工组织设计应及时进行修改或补充：

①当工程设计图纸发生重大修改时，如：地基基础或主体结构的形式发生变化、装修材料或做法发生重大变化、机电设备系统发生重大调整等，需要对施工组织设计进行修改；对工程设计图纸的一般性修改，视变化情况对施工组织设计进行补充；对工程设计图纸的细微修改或更正，施工组织设计则不需要调整。

②当有关法律、法规、规范和标准开始实施或发生变更，并涉及工程的实施、检查或验收时，施工组织设计需要进行修改或补充。

③由于主客观条件的变化，施工方法有重大变更，原来的施工组织设计已不能正确地指导施工，须对施工组织设计进行修改或补充。

④当施工资源的配置有重大变更，并且影响到施工方法的变化或对施工进度、质量、安全、环境、造价等造成潜在的重大影响，须对施工组织设计进行修改或补充。

⑤当施工环境发生重大改变，如：施工延期造成季节性施工方法变化，施工场地变化造成现场布置和施工方式改变等，致使原来的施工组织设计已不能正确地指导施工，须对施工组织设计进行修改或补充。

经修改或补充的施工组织设计应重新审批后实施，项目施工前，应进行施工组织设计逐级交底；项目施工过程中，应对施工组织设计的执行情况进行检查、分析并适时调整。

（二）施工组织总设计

施工组织总设计是以若干单位工程组成的群体工程或特大型项目为主要对象编制的施工组织设计，对整个项目的施工过程起统筹规划、重点控制的作用。施工组织总设计应包括以下内容：

1. 工程概况

工程概况应包括项目主要情况和项目主要施工条件等。项目主要情况应包括下列内容：

①项目名称、性质（工业、民用）、地理位置和建设规模；

②项目的建设、勘察、设计和监理等相关单位的情况；

③项目设计概况；

④项目承包范围及主要分包工程范围；

⑤施工合同或招标文件对项目施工的重点要求；

⑥其他应说明的情况。

2. 总体施工部署

施工组织总设计应对项目总体施工做出下列宏观部署：

①确定项目施工总目标，包括成本、进度、质量、安全和环境等目标；

②根据项目施工总目标的要求，确定项目分阶段（期）交付的计划；

③确定项目分阶段（期）施工的合理顺序及空间组织。项目管理组织机构形式应根据施工项目的规模、复杂程度、专业特点、人员素质和地域范围确定，大中型项目宜设置矩阵式项目管理组织，远离企业管理层的大中型项目宜设置事业部式项目管理组织，小型项目宜设置直线职能式项目管理组织。

3. 施工总进度计划

施工总进度计划应按照项目总体施工部署的安排进行编制。施工总进度计划应依据施工合同、施工进度目标、有关技术经济资料，并按照总体施工部署确定的施工顺序和空间组织等具体进行编制。施工总进度计划可采用网络图或横道图表示，并附必要说明。

4. 总体施工准备与主要资源配置计划

总体施工准备应包括技术准备、现场准备和资金准备等。技术准备、现场准备和资金准备应满足项目分阶段（期）施工的需要。技术准备包括施工过程所需技术资料的准备、施工方案编制计划、试验检验及设备调试工作计划等；现场准备包括现场生产、生活等临时设施，如：临时生产、生活用房，临时道路、材料堆放场，临时用水、用电和供热、供气等的计划；资金准备应根据施工总进度计划编制资金使用计划。

主要资源配置计划应包括劳动力配置计划和物资配置计划等。劳动力配置计划应包括下列内容：

①确定各施工阶段（期）的总用工量；

②根据施工总进度计划确定各施工阶段（期）的劳动力配置计划。

物资配置计划应包括下列内容：

①根据施工总进度计划确定主要工程材料和设备的配置计划；

②根据总体施工部署和施工总进度计划确定主要施工周转材料和施工机具的配置计划。

5. 主要施工方法

施工组织总设计应对项目涉及的单位（子单位）工程和主要分部（分项）工程所采用的施工方法进行简要说明。

对脚手架工程、起重吊装工程、临时用水用电工程、季节性施工等专项工程所采用的施工方法应进行简要说明。

6. 施工总平面布置

施工总平面布置应按照项目分期（分批）施工计划进行布置，并绘制总平面布置图。一些特殊的内容，如：现场临时用电、临时用水布置等，当总平面布置图不能清晰表示时，也可单独绘制平面布置图。

施工总平面布置图应包括下列内容：

①项目施工用地范围内的地形状况；

②全部拟建的建（构）筑物和其他基础设施的位置；

③项目施工用地范围内的加工设施、运输设施、存贮设施、供电设施、供水供热设施、排水排污设施、临时施工道路和办公、生活用房等；

④施工现场必备的安全、消防、保卫和环境保护等设施；

⑤相邻的地上、地下既有建（构）筑物及相关环境。

（三）单位工程施工组织设计

单位工程施工组织设计是以单位（子单位）工程为主要对象编制的施工组织设计，对单位（子单位）工程的施工过程起指导和制约作用。单位工程施工组织设计应包括以下内容：

1. 工程概况

工程概况应包括工程主要情况、各专业设计简介和工程施工条件等，工程概况的内容应尽量采用图表进行说明。

各专业设计简介应包括下列内容：

①建筑设计简介应依据建设单位提供的建筑设计文件进行描述，包括建筑规模、建筑功能、建筑特点、建筑耐火、防水及节能要求等，并应简单描述工程的主要装修做法；

②结构设计简介应依据建设单位提供的结构设计文件进行描述，包括结构形式、地基基础形式、结构安全等级、抗震设防类别、主要结构构件类型及要求等；

③机电及设备安装专业设计简介应依据建设单位提供的各相关专业设计文件进行描述，包括给水及排水系统、采暖系统、通风与空调系统、电气系统、智能化系统、电梯等各个专业系统的做法要求。

2. 施工部署

工程施工目标应根据施工合同、招标文件及本单位对工程管理目标的要求确定，包括进度、质量、安全、环境和成本等目标。各项目标应满足施工组织总设计中确定的总体目标。施工部署中的进度安排和空间组织应符合下列规定：

①工程主要施工内容及其进度安排应明确说明，施工顺序应符合工序逻辑关系。

②施工流水段应结合工程具体情况分阶段进行划分；单位工程施工阶段一般划分为地基基础、主体结构、装修装饰和机电设备安装三个阶段。

对于工程施工的重点和难点应进行分析，包括组织管理和施工技术两个方面。

对于工程施工中，开发和使用的新技术、新工艺应做出部署，对新材料和新设备的使用应提出技术及管理要求。对主要分包工程施工单位的选择要求及管理方式应进行简要说明。

3. 施工进度计划

单位工程施工进度计划应按照施工部署的安排进行编制。

施工进度计划可采用网络图或横道图表示，并附必要说明；对于工程规模较大或较复杂的工程，宜采用网络图表示，通过对各类参数的计算，找出关键线路，选择最优方案。

4. 施工准备与资源配置计划

（1）施工准备

施工准备应包括技术准备、现场准备和资金准备等。具体如下：

①技术准备应包括施工所需技术资料的准备、施工方案编制计划、试验检验及设备调试工作计划、样板制作计划等；主要分部（分项）工程和专项工程在施工前应单独编制施工方案，施工方案可根据工程进展情况，分阶段编制完成；对需要编制的主要施工方案应制订编制计划；试验检验及设备调试工作计划应根据现行规范、标准中的有关要求及工程规模、进度等实际情况制订；样板制作计划应根据施工合同或招标文件的要求并结合工程特点制订。

②现场准备应根据现场施工条件和工程实际需要，准备现场生产、生活等临时设施。

③资金准备应根据施工进度计划编制资金使用计划。

（2）资源配置计划

资源配置计划应包括劳动力配置计划和物资配置计划等。劳动力配置计划应包括下列内容：

①确定各施工阶段用工量；

②根据施工进度计划确定各施工阶段劳动力配置计划。

物资配置计划应包括下列内容：

①主要工程材料和设备的配置计划应根据施工进度计划确定，包括各施工阶段所需主要工程材料、设备的种类和数量；

②工程施工主要周转材料和施工机具的配置计划应根据施工部署和施工进度计划确定，包括各施工阶段所需主要周转材料、施工机具的种类和数量。

5. 主要施工方案

单位工程应按照分部、分项工程的划分原则，对主要分部、分项工程制订施工方案。

对脚手架工程、起重吊装工程、临时用水用电工程、季节性施工等专项工程所采用的施工方案应进行必要的验算和说明。

（四）分部（分项）工程施工组织设计

施工方案是以分部（分项）工程或专项工程为主要对象编制的施工技术与组织方案，用以具体指导其施工过程。施工方案应包括以下内容：

1. 工程概况

工程概况应包括工程主要情况、设计简介和工程施工条件等。

工程主要情况应包括分部（分项）工程或专项工程名称，工程参建单位的相关情况，工程的施工范围，施工合同、招标文件或总承包单位对工程施工的重点要求等。

设计简介应主要介绍施工范围内的工程设计内容和相关要求。

工程施工条件应重点说明与分部（分项）工程或专项工程相关的内容。

2. 施工安排

工程施工目标包括进度、质量、安全、环境和成本等目标，各项目标应满足施工合同、招标文件和总承包单位对工程施工的要求。

工程施工顺序及施工流水段应在施工安排中确定。针对工程的重点和难点，进行施工安排并简述主要管理和技术措施。工程管理的组织机构及岗位职责应在施工安排中确定，并应符合总承包单位的要求。

3. 施工进度计划

分部（分项）工程或专项工程施工进度计划应按照施工安排，并结合总承包单位的施工进度计划进行编制。施工进度计划可采用网络图或横道图表示，并附必要说明。

4. 施工准备与资源配置计划

施工准备应包括下列内容：

①技术准备，包括施工所需技术资料的准备、图纸深化和技术交底的要求、试验检验和测试工作计划、样板制作计划及与相关单位的技术交接计划等；

②现场准备，包括生产、生活等临时设施的准备及与相关单位进行现场交接的计划等；

③资金准备，包括编制资金使用计划等。

资源配置计划应包括下列内容：

①劳动力配置计划，主要是确定工程用工量并编制专业工种劳动力计划表；

②物资配置计划，包括工程材料和设备配置计划、周转材料和施工机具配置计划及计量、测量和检验仪器配置计划等。

5. 施工方法及工艺要求

施工方法是工程施工期间所采用的技术方案、工艺流程、组织措施、检验手段等。它直接影响施工进度、质量、安全及工程成本。明确分部（分项）工程或专项工程施工方法并进行必要的技术核算，对主要分项工程（工序）明确施工工艺要求。对易发生质量通病、易出现安全问题、施工难度大、技术含量高的分项工程（工序）等应做出重点说明。对开发和使用的新技术、新工艺及采用的新材料、新设备应通过必要的试验或论证并制订计划。对季节性施工应提出具体要求。

第三节　施工项目经理的责任与施工风险管理

一、施工项目经理在企业中的地位和作用

项目经理是指已取得建造师注册证书和执业印章，由企业法定代表人任命，根据法定代表人授权的范围期限和内容履行管理职责并对项目实施全过程全面管理的项目负责人。

项目经理应为合同当事人所确认的人选，并在专用合同条款中明确项目经理的姓名、职称、注册执业证书编号、联系方式及授权范围等事项，项目经理经承包人授权后代表承包人负责履行合同。项目经理应是承包人正式聘用的员工，承包人应向发包人提交项目经理与建设工程施工管理承包人之间的劳动合同，以及承包人为项目经理缴纳社会保险的有效证明。承包人不提交上述文件的，项目经理无权履行职责，发包人有权要求更换项目经理，由此增加的费用和（或）延误的工期由承包人承担。

项目经理应常驻施工现场，且每月在施工现场时间不得少于专用合同条款约定的天数。项目经理不得同时担任其他项目的项目经理。项目经理确须离开施工现场时，应事先通知监理人，并取得发包人的书面同意。项目经理的通知中应当载明临时代行其职责的人员的注册执业资格、管理经验等资料，该人员应具备履行相应职责的能力。

项目经理按合同约定组织工程实施。在紧急情况下为确保施工安全和人员安全，在无法与发包人代表和总监理工程师及时取得联系时，项目经理有权采取必要的措施保证与工程有关的人身、财产和工程的安全，但应在 48 小时内向发包人代表和总监理工程师提交书面报告。

承包人需要更换项目经理的，应提前 14 天书面通知发包人和监理人，并征得发包人的书面同意。通知中应当载明继任项目经理的注册执业资格、管理经验等资料，继任项目经理继续履行约定的职责。未经发包人书面同意，承包人不得擅自更换项目经理。承包人擅自更换项目经理的，应按照专用合同条款的约定承担违约责任。

发包人有权书面通知承包人更换其认为不称职的项目经理，通知中应当载明要求更换的理由。承包人应在接到更换通知后 14 天内向发包人提出书面的改进报告。发包人收到改进报告后仍要求更换的，承包人应在接到第二次更换通知的 28 天内进行更换，并将新任命的项目经理的注册执业资格、管理经验等资料书面通知发包人。继任项目经理继续履行约定的职责。承包人无正当理由拒绝更换项目经理的，应按照专用合同条款的约定承担违约责任。

项目经理因特殊情况授权其下属人员履行其某项工作职责的，该下属人员应具备履行相应职责的能力，并应提前 7 天将上述人员的姓名和授权范围书面通知监理人，并征得发包人书面同意。

二、项目经理的素质要求

（一）政治素质

项目经理首先应具有较高的政治思想觉悟，能够处理好国家利益、集体利益和职工利益三者之间的关系。项目经理还应具有责任感，敢于承担项目中的风险，实事求是，讲求经济效益。项目经理在施工管理中，应密切联系群众，发扬民主作风，以身作则，言行一致，不谋私利，赏罚公正、严明。

（二）知识素质

项目经理应具有建造师注册证书和执业印章等，需要熟练掌握建筑施工技术知识，以及施工项目管理基本规律和基本知识；应懂得基本经济理论，了解国家的相关方针、政策等。

（三）技能素质

项目经理应具有号召力，即调动下属工作积极性的能力；必须具备足够的交流能力，即有效倾听、劝告和理解他人行为的能力，这样才能与下属、上级进行平等而和谐的交流；必须具备灵活应变的能力，才能在各种不利的情况下迅速做出反应，并着手解决问题；应具备管理技能，包括必须制订出一个切实可行的计划对整个项目进行统一管理，要有对项目的整体意识及相应的组织能力。

（四）身心素质

项目经理应自信、热情，充满着激情与活力，能够调动下属的热情；身体健康、精力充沛，思维敏捷、记忆力良好；具有坚强的毅力和意志；等等。

三、项目经理的职责、权限和管理

（一）施工项目经理的职责

项目管理机构负责人应履行下列职责：

①项目管理目标责任书中规定的职责；

②工程质量安全责任承诺书中应履行的职责；

③组织或参与编制项目管理规划大纲、项目管理实施规划，对项目目标进行系统管理；

④主持制订并落实质量、安全技术措施和专项方案，负责相关的组织协调工作；

⑤对各类资源进行质量监控和动态管理；

⑥对进场的机械、设备、工器具的安全、质量和使用进行监控；

⑦建立各类专业管理制度，并组织实施；

⑧制定有效的安全、文明和环境保护措施并组织实施；

⑨组织或参与评价项目管理绩效；

⑩进行授权范围内的任务分解和利益分配；

⑪按规定完善工程资料，规范工程档案文件，准备工程结算和竣工资料，参与工程竣工验收；

⑫接受审计，处理项目管理机构解体的善后工作；

⑬协助和配合组织进行项目检查、鉴定和评奖申报；

⑭配合组织完善缺陷责任期的相关工作。

以施工单位项目经理为例，其项目管理职责包括：

①项目经理须按照经审查合格的施工设计文件和施工技术标准进行工程项目施工，应

对因施工导致的工程施工质量、安全事故或问题承担全面责任；

②项目经理须负责建立质量安全管理体系，配备专职质量、安全等施工现场管理人员，落实质量安全责任制、质量安全管理规章制度和操作规程；

③项目经理须负责施工组织设计、质量安全技术措施、专项施工方案的编制工作，认真组织质量、安全技术交底；

④项目经理须加强进入现场的建筑材料、构配件、设备、预拌混凝土等的检验、检测和验证工作，严格执行技术标准规范要求；

⑤项目经理须对进入现场的超重机械、模板、支架等的安装、拆卸及运行使用全过程监督，发现问题，及时整改；

⑥项目经理须加强安全文明施工费用的使用和管理，严格按规定配备安全防护和职业健康用具，按规定组织相关人员的岗位教育，严格特种工作人员岗位管理工作。

（二）施工项目经理的权限

赋予施工项目经理一定的权力是确保项目经理承担相应责任的先决条件。为了履行项目经理的职责，施工项目经理必须具有一定的权限，这些权限应由企业法人代表授予，并用制度具体确定下来。

（三）施工项目经理的管理

项目管理机构负责人应接受法定代表人和组织机构的业务管理，组织有权对项目管理机构负责人给予奖励和处罚。

组织须加强对项目管理机构负责人管理行为的监督，在项目正常运行的情况下，不应随意撤换项目管理机构负责人。特殊原因需要撤换，须按相关规定报请相关方同意和认可，并履行工程质量监督备案手续。

项目管理机构负责人须定期或不定期参加建设主管部门和行业协会组织的教育培训活动，及时掌握行业动态，提升自身素质和管理水平。

项目管理机构负责人进行项目管理工作时，须按相关规定签署工程质量终身责任承诺书，对工程建设中应履行的职责、承担的责任做出承诺，并报相关管理机构备案。

项目管理机构负责人须接受相关部门对其履职情况进行的动态监管，如有违规行为，将依照行政处罚规定予以处罚，并记录诚信信息。

（四）建立项目团队

项目经理的一个很重要的任务便是组建项目团队，其主要目的是获得完成项目所需的人力资源。

项目经理确定如何及何时获得项目团队成员，以及如何和何时将他们从项目放出。如果组织内部没有人力资源可供使用，则宜考虑雇用更多人员或将工作分包给另一个组织。工作地点、承诺、角色和责任及报告和沟通需求都得到确定。

项目经理可具备或可不具备对甄选项目团队成员的绝对控制权，但项目经理参与成员甄选工作。在可能的情况下，项目经理宜在建立项目团队时考虑到诸如技能和专长、不同性格和组织活力的因素。由于项目一般都在不断变化的环境中执行，该过程通常在整个项目期间持续执行。

（五）项目经理的利益

企业应转变观念，有资质的项目经理可在全国人才市场流动，双向选择。

项目经理应逐步实行年薪制，根据我国和各企业的实际，设置不同级别的年薪等级。

有条件的企业应经常选择优秀项目经理参加全国项目管理研究班或到国外考察和短期培训，不断提高他们的能力。

四、项目经理与建造师的关系

建造师是以专业技术为依托、以工程项目管理为主业的执业注册人员，近期以施工管理为主。建造师是懂管理、懂技术、懂经济、懂法规、综合素质较高的复合型人员，既要有理论水平，也要有丰富的实践经验和较强的组织能力。建造师注册受聘后，可以建造师的名义担任建设工程项目施工的项目经理，从事其他施工活动的管理，从事法律、行政法规或国务院建设行政主管部门规定的其他业务。

在行使项目经理职责时，一级注册建造师可以担任《建筑业企业资质等级标准》中规定的特级、一级建筑业企业资质的建设工程项目施工的项目经理；二级注册建造师可以担任二级建筑业企业资质的建设工程项目施工的项目经理。大中型工程项目的项目经理必须由取得建造师执业资格的人员担任；但取得建造师执业资格的人员能否担任大中型工程项目的项目经理，应由建筑业企业自主决定。

建造师与项目经理虽然定位不同，但所从事的都是建设工程的管理。建造师执业的覆盖面较大，可涉及工程建设项目管理的许多方面，担任项目经理只是建造师执业中的一项；项目经理则限于企业内某一特定工程的项目管理。建造师选择工作的权力相对自主，可在社会市场上有序流动，有较大的活动空间；项目经理岗位则是企业设定的，项目经理是企业法人代表授权或聘用的、一次性的工程项目施工管理者。

五、施工风险管理

（一）工程项目风险概述

工程项目通常技术复杂、投资大、工期长、参与主体多，而且项目外部环境千变万化，使得工程项目运行过程中的不确定性大大增加，风险也随之而来，风险对工程质量、工期、费用及安全造成潜在的损失。尽管工程建设过程中，项目的风险有不同的承担者，但是风险无论由谁承担，最终都是由业主承受的，对业主的投资和收益发生影响。因此，作为项目业主应事先预测、识别风险并加以分析，进而采取对策，避免或降低风险对质量、工期、费用及安全带来的损失，从而更好地保证项目建设顺利进行。

风险是指由于可能发生的事件，导致实际结果与主观预测产生差异，并且这种差异可能伴随某种损失的发生。风险具有不确定性，这种不确定性表现在风险事件发生的时间及造成的后果上，风险的不确定性还表现在风险事件本身发生的机会上。

工程风险指工程项目在决策、设计、施工、试生产、移交运行各个阶段可能遭受的风险。因此，风险管理成为项目各参与方保护自身利益，提高项目建设成功率的关键因素之一。对工程项目开展风险管理的目的是通过主动有意识地策划、组织、协调、控制和采取预防措施，避免或减少风险事故形成的机会，尽可能减少风险损失，保证工程项目总体目标的实现。

工程建设必须占据一定的空间并在一定的时期内完成，工程建设不能脱离环境而单独进行，因此环境是工程建设中风险存在的根源。在项目实施过程中，由于环境的不断变化，形成了对项目的外部干扰，这些干扰将会造成项目不能按计划实施，偏离目标，造成目标修改，乃至整个工程项目的失败。这里主要有四个方面的系统要素风险：

①项目环境要素风险。最常见的有政治风险、法律风险、经济风险、自然条件风险、社会风险等。

②项目系统结构风险。如：以项目单元为分析对象，在实施及运行的过程中可能遇到的技术问题，人工、材料、机械、费用消耗增加等各种异常情况等。

③项目的行为主体产生的风险。如：业主和投资者支付能力差，改变投资方向，违约不能完成合同责任等产生的风险；承包商（分包商、供应商）技术及管理能力不足，不能保证安全质量，无法按时交工等产生的风险；项目管理者（监理工程师）的能力、职业道德、公正性差等产生的风险。

④其他方面的风险，如：外围主体（政府部门、相关单位）等产生的风险。

（二）风险管理

所有项目及其生命周期中的每一过程与决策都存在风险。因此，在项目进行的每一阶段都应当对风险进行管理，并且风险管理过程应当与项目管理过程及与产品有关的过程相结合。风险管理需要全员参与。项目风险管理过程始于建立项目实施的总体框架；然后进行风险识别，这是风险管理过程中的基础性工作。对每一项已被识别的风险都应当实施后继的风险管理活动，如：风险评估、风险处理、风险监控。在项目的每一阶段都应当对风险进行管理，项目本身及其产品的风险也应当进行评审。

关于风险管理的要求，针对性不强、内控体系不完善、合规管理不到位、责任追究力度不够等突出问题，进一步强化风险防控意识，抓好各类风险的监测预警、识别评估和研判处置，坚决守住不发生重大风险的底线；加强内控体系建设，充分发挥内部审计规范运营和管控风险等作用，构建全面、全员、全过程、全体系的风险防控机制；推进法律管理与经营管理深度融合，突出抓好规章制度、经济合同、重大决策的法律审核把关，切实加强案件管理，着力打造法治国企；健全合规管理制度，加强对重点领域、重点环节和重点人员的管理，推进合规管理全面覆盖、有效运行；加强责任追究体系建设，加快形成职责明确、流程清晰、规范有序的工作机制，加大违规经营投资责任追究力度，充分发挥警示惩戒作用。

（三）总体框架的建立

风险管理首先应当确定风险总体框架，包括可能限制或使项目重新定位的技术的、公司的、商业的、政治的、财务的、法律的、合同的及市场的目标等。为满足项目自身、公司和顾客的要求，项目各个阶段中要达到的目标应当被识别，并用于对风险的识别和分级。

风险的可接受性和可容忍性准则应当予以考虑。这些准则被用于在过程的后续阶段评价风险。

（四）风险识别

风险识别的目的是确定潜在风险事件及其特性，即如果事件发生，可对项目目标产生的正面或负面影响。

风险识别是一个可重复的过程，因为随着项目在其生命周期中的进展，新的风险可为人所知或风险可发生改变。该过程涉及多个参与者，通常为项目客户、项目发起人、项目经理、项目管理团队、项目团队、高级管理人员、用户、风险管理专家、项目指导委员会的其他成员和主题专家。

风险得到识别之后，往往就可制定简单而有效的风险应对措施，并将其付诸实施。

1. 风险识别的工具与技术

（1）文件审查

项目班子一开始通常是从项目整体到范围细节的层次上，对以往项目档案及其他资料中的项目计划与假设进行系统的审查。

(2) 信息收集方法

风险识别中所采用的信息收集方法通常有：集思广益会、德尔菲技术、面谈和SWOT分析（即优势、弱点、机会与威胁分析，简称态势分析）。

集思广益会——集思广益会也许是最常用的风险识别技术。其目的是取得一份综合的风险清单，供日后风险定性与定量分析过程使用。集思广益会通常由项目班子主持，也可邀请多学科专家来实施此项技术。在一位主持人的推动下，参与人员就项目的风险进行集思广益。会上，参与者在广泛的范围内识别风险来源，将其公布，进行审议，然后再对风险进行分门别类，并对其定义进一步加以明确。

德尔菲技术——德尔菲技术是专家就某一专题（例如，项目风险）达成一致意见的一种方式。先确定谁是项目风险专家，然后请他们以匿名方式参与此项活动。主持人用问卷征询有关重要项目风险的见解。问卷的答案交回后随即在专家之中传阅，请他们进一步发表意见。此项过程进行若干轮之后，就不难得出关于主要项目风险的一致看法。德尔菲技术有助于减少数据中的偏倚，并防止任何个人对结果产生不恰当的影响。

面谈——访问有经验的项目经理或某项问题的专家可以识别风险。负责风险识别者先物色适当人选，向他们扼要介绍项目情况，并提供工作分解结构与项目各项假设等有关资料。被访者根据自己的经验、项目的有关资料及他们感到有用的其他资料来识别项目的风险。

优势、弱点、机会与威胁分析（态势分析）——保证从态势分析的每个角度对项目进行审议，以扩大所考虑风险的广度。

(3) 核对表

风险识别所用的核对表可根据历史资料、以往项目类型所积累的知识，以及其他信息来源着手制定。使用核对表的优点是风险识别过程迅速简便。其缺点是所制定核对表不可能包罗万象，且使用者所考虑的范围被有效地限制在核对表所列范畴之内。因此，应该注意探讨标准核对表上未列出的事项，如果此类事项与所考虑的具体项目相关的话，核对表应逐项列出项目所有类型的可能风险。务必要把核对表的审议作为每项项目收尾程序的一个正式步骤，以便对所列潜在风险清单及风险描述进行改进。

(4) 图解技术

图解技术可包括：

①因果图（又叫石川图或鱼骨图）：对识别风险的原因十分有用；

②系统或过程流程图：显示系统的各要素之间如何相互联系及因果传导机制；

③影响图：显示因果影响、按时间顺序排列的事件，以及变量与结果之间的其他关系的图解表示法。

2. 风险识别的方法

风险识别是个系统、持续的复杂工作，须采用科学的方法，其基础在于对项目运行过程风险的分解。

风险识别的方法有很多，主要包括：

①头脑风暴；

②专家意见；

③结构化访谈；

④问卷调查；

⑤检查单；

⑥历史数据；

⑦经验；

⑧测试和建模；

⑨对其他项目的评价。

3. 风险识别的内容

项目管理机构应在项目实施前识别实施过程中的各种风险。项目管理机构应进行下列风险识别：

①本身条件及约定条件；

②自然条件与社会条件；

③市场情况；

④项目相关方的影响；

⑤项目管理团队的能力。

4. 风险识别的程序

识别项目风险应遵循下列程序：

①收集与风险有关的信息；

②确定风险因素；

③编制项目风险识别报告。

5. 风险识别报告的内容

项目风险识别报告应由编制人签字确认，并经批准后发布。项目风险识别报告应包括下列内容：

①风险源的类型、数量；

②风险发生的可能性；

③风险可能发生的部位及风险的相关特征。

（五）风险评估

风险评估的目的是衡量和确定优先处理进一步行动的风险。

项目管理机构应按下列内容进行风险评估：

①风险因素发生的概率；

②风险损失量或效益水平的估计；

③风险等级评估。

风险评估包括将风险的水平与可容忍性准则相比较并制定处理风险的初始优先顺序。

风险评估宜采取下列方法：

①根据已有信息和类似项目信息采用主观推断法、专家估计法或会议评审法进行风险发生概率的认定；

②根据工期损失、费用损失和对工程质量、功能、使用效果的负面影响进行风险损失量的估计；

③根据工期缩短、利润提升和对工程质量、安全、环境的正面影响进行风险效益水平的估计。

风险评估后应出具风险评估报告。风险评估报告应由评估人签字确认，并经批准后发布。风险评估报告应包括下列内容：

①各类风险发生的概率；

②可能造成的损失量或效益水平、风险等级确定；

③风险相关的条件因素。

第四节　建设工程监理的工作任务与工作方法

一、项目监理机构

（一）项目监理机构概述

工程监理单位实施监理时，应在施工现场派驻项目监理机构。项目监理机构的组织形式和规模，可根据建设工程监理合同约定的服务内容、服务期限，以及工程特点、规模、技术复杂程度、环境等因素确定。

工程监理单位应当审查施工组织设计中的安全技术措施或者专项施工方案是否符合工程建设强制性标准。

工程监理单位在实施监理过程中，发现存在安全事故隐患的，应当要求施工单位整改；情况严重的，应当要求施工单位暂时停止施工，并及时报告建设单位。施工单位拒不整改或者不停止施工的，工程监理单位应当及时向有关主管部门报告。

工程监理单位和监理工程师应当按照法律、法规和工程建设强制性标准实施监理，并对建设工程安全生产承担监理责任。

项目监理机构的监理人员应由总监理工程师、专业监理工程师和监理员组成，且专业配套、数量应满足建设工程监理工作需要，必要时经书面授权和监理企业法人代表同意可设总监理工程师代表。

下列情形项目监理机构可设总监理工程师代表：工程规模较大、专业较复杂，总监理工程师难以处理多个专业工程时，可按专业设总监理工程师代表；一个建设工程监理合同中包含多个相对独立的施工合同，可按施工合同段设总监理工程师代表；工程规模较大、地域比较分散，可按工程地域设总监理工程师代表。

除总监理工程师、专业监理工程师和监理员外，项目监理机构还可根据监理工作需要，配备文秘、翻译、司机和其他行政辅助人员。

项目监理机构应根据建设工程不同阶段的需要配备数量和专业满足要求的监理人员，有序安排相关监理人员进退场。工程监理单位在建设工程监理合同签订后，应及时将项目监理机构的组织形式、人员构成及对总监理工程师的任命书面通知建设单位。

工程监理单位调换总监理工程师时，应征得建设单位书面同意；调换专业监理工程师时，总监理工程师应书面通知建设单位。

一名注册监理工程师可担任一项建设工程监理合同的总监理工程师。当需要同时担任多项建设工程监理合同的总监理工程师时，应经建设单位书面同意，且最多不得超过三项。

施工现场监理工作全部完成或建设工程监理合同终止时，项目监理机构可撤离施工现场。

（二）监理人员职责

总监理工程师作为项目监理机构负责人，监理工作中的重要职责不得委托给总监理工程师代表。

专业监理工程师职责为其基本职责，在建设工程监理实施过程中，项目监理机构还应针对建设工程实际情况，明确各岗位专业监理工程师的职责分工，制订具体监理工作计划，并根据实施情况进行必要的调整。

监理员职责为其基本职责，在建设工程监理实施过程中，项目监理机构还应针对建设工程实际情况，明确各岗位监理员的职责分工。

二、监理规划

监理规划应结合工程实际情况，明确项目监理机构的工作目标，确定具体的监理工作制度、内容、程序、方法和措施。

监理规划应针对建设工程实际情况进行编制，应在签订建设工程监理合同及收到工程设计文件后由总监理工程师组织编制。此外，还应结合施工组织设计、施工图审查意见等文件资料进行编制。一个监理项目应编制一个监理规划。监理规划应在第一次工地会议召开之前完成工程监理单位内部审核后报送建设单位。

监理规划编审应遵循下列程序：

①总监理工程师组织专业监理工程师编制；

②总监理工程师签字后由工程监理单位技术负责人审批；

③在第一次工地会议之前交业主审核通过。

监理规划应包括下列主要内容：

①工程概况；

②监理工作的范围、内容、目标；

③监理工作依据；

④监理组织形式、人员配备及进退场计划、监理人员岗位职责；

⑤监理工作制度；

⑥工程质量控制；

⑦工程造价控制；

⑧工程进度控制；

⑨安全生产管理的监理工作；

⑩合同与信息管理；

⑪组织协调；

⑫监理工作设施。

在监理工作实施过程中，建设工程的实施可能会发生较大变化，如：设计方案重大修改、施工方式发生变化、工期和质量要求发生重大变化，或者当原监理规划所确定的程序、方法、措施和制度等需要做重大调整时，总监理工程师应及时组织专业监理工程师修改监理规划，并按原报审程序审核批准后报建设单位。

三、监理实施细则

监理实施细则应符合监理规划的要求，并应具有可操作性。项目监理机构应结合工程特点、施工环境、施工工艺等编制监理实施细则，明确监理工作要点、监理工作流程和监理工作方法及措施，达到规范和指导监理工作的目的。对工程规模较小、技术较简单且有成熟管理经验和措施的，可不必编制监理实施细则。对专业性较强、危险性较大的分部分项工程，项目监理机构应编制监理实施细则。

监理实施细则应在相应工程施工开始前由专业监理工程师编制，并应报总监理工程师审批。监理实施细则编制应依据下列资料：

①监理规划；

②工程建设标准、工程设计文件；

③施工组织设计、（专项）施工方案。

监理实施细则应包括下列主要内容：

①专业工程特点；

②监理工作流程；

③监理工作要点；

④监理工作方法及措施。

在实施建设工程监理过程中，监理实施细则可根据实际情况进行补充、修改，并应经总监理工程师批准后实施。

四、工程质量、造价、进度控制及安全生产管理的监理工作

（一）监理工作的一般要求

项目监理机构应根据建设工程监理合同约定，遵循动态控制原理，坚持预防为主的原则，制定和实施相应的监理措施，采用旁站、巡视和平行检验等方式对建设工程实施监理。

监理人员应熟悉工程设计文件，并应参加建设单位主持的图纸会审和设计交底会议，会议纪要应由总监理工程师签认。

工程开工前，监理人员应参加由建设单位主持召开的第一次工地会议，会议纪要应由项目监理机构负责整理，与会各方代表应会签。

项目监理机构应定期召开监理例会，并组织有关单位研究解决与监理相关的问题。项目监理机构可根据工程需要，主持或参加专题会议，解决监理工作范围内工程问题。

监理例会及由项目监理机构主持召开的专题会议的会议纪要，应由项目监理机构负责整理，与会各方代表应会签。

项目监理机构应审查施工单位报审的施工组织设计，符合要求时，应由总监理工程师签认后报建设单位。项目监理机构应要求施工单位按已批准的施工组织设计组织施工。施工组织设计需要调整时，项目监理机构应按程序重新审查。

总监理工程师应组织专业监理工程师审查施工单位报送的工程开工报审表及相关资料；同时具备下列条件时，应由总监理工程师签署审核意见，并应报建设单位批准后，总监理工程师签发工程开工令：

①设计交底和图纸会审已完成；

②施工组织设计已由总监理工程师签认；

③施工单位现场质量、安全生产管理体系已建立，管理及施工人已到位，施工机械具备使用条件，主要工程材料已落实；

④进场道路及水、电、通信等已满足开工要求。

分包工程开工前，项目监理机构应审核施工单位报送的分包单位资格报审表，专业监理工程师提出审查意见后，应由总监理工程师审核签认。

分包单位资格审核应包括下列基本内容：

①营业执照、企业资质等级证书；

②安全生产许可文件；

③类似工程业绩；

④专职管理人员和特种作业人员的资格。

（二）工程质量控制

1. 项目监理机构审查

工程开工前，项目监理机构应审查施工单位现场的质量管理组织机构、管理制度及专职管理人员和特种作业人员的资格。

项目监理机构应审查施工单位报送的用于工程的材料、构配件、设备的质量证明文件，并应按有关规定、建设工程监理合同约定，对用于工程的材料进行见证取样、平行检验。

项目监理机构对已进场经检验不合格的工程材料、构配件、设备，应要求施工单位限期将其撤出施工现场。

项目监理机构应根据工程特点和施工单位报送的施工组织设计，确定旁站的关键部位、关键工序，安排监理人员进行旁站，并应及时记录旁站情况。

项目监理机构应安排监理人员对工程施工质量进行巡视。巡视应包括下列主要内容：

①施工单位是否按工程设计文件、工程建设标准和批准的施工组织设计、（专项）施工方案施工；

②使用的工程材料、构配件和设备是否合格；

③施工现场管理人员，特别是施工质量管理人员是否到位；

④特种作业人员是否持证上岗。

项目监理机构应根据工程特点、专业要求，以及建设工程监理合同约定，对施工质量进行平行检验。

项目监理机构应对施工单位报验的隐蔽工程、检验批、分项工程和分部工程进行验收，对验收合格的应给予签认；对验收不合格的应拒绝签认，同时应要求施工单位在指定的时间内整改并重新报验。

对已同意覆盖的工程隐蔽部位质量有疑问的，或发现施工单位私自覆盖工程隐蔽部位的，项目监理机构应要求施工单位对该隐蔽部位进行钻孔探测、剥离或其他方法进行重新检验。

项目监理机构发现施工存在质量问题的，或施工单位采用不适当的施工工艺，或施工不当，造成工程质量不合格的，应及时签发监理通知单，要求施工单位整改。整改完毕后，项目监理机构应根据施工单位报送的监理通知回复单对整改情况进行复查，提出复查意见。

对需要返工处理或加固补强的质量缺陷，项目监理机构应要求施工单位报送经设计等相关单位认可的处理方案，并应对质量缺陷的处理过程进行跟踪检查，同时应对处理结果进行验收。

对需要返工处理或加固补强的质量事故，项目监理机构应要求施工单位报送质量事故调查报告和经设计等相关单位认可的处理方案，并应对质量事故的处理过程进行跟踪检查，同时应对处理结果进行验收。

项目监理机构应及时向建设单位提交质量事故书面报告，并应将完整的质量事故处理记录整理归档。

项目监理机构应审查施工单位提交的单位工程竣工验收报审表及竣工资料，组织工程竣工预验收。存在问题的，应要求施工单位及时整改；合格的，总监理工程师应签认单位工程竣工验收报审表。

工程竣工预验收合格后，项目监理机构应编写工程质量评估报告，并应经总监理工程师和工程监理单位技术负责人审核签字后报建设单位。

项目监理机构应参加由建设单位组织的竣工验收，对验收中提出的整改问题，应督促施工单位及时整改。工程质量符合要求的，总监理工程师应在工程竣工验收报告中签署意见。

2. 监理工程师审查

总监理工程师应组织专业监理工程师审查施工单位报审的施工方案，符合要求后应予以签认。

施工方案审查应包括下列基本内容：

①编审程序应符合相关规定；

②工程质量保证措施应符合有关标准。

专业监理工程师应审查施工单位报送的新材料、新工艺、新技术、新设备的质量认证材料和相关验收标准的适用性，必要时，应要求施工单位组织专题论证，审查合格后报总监理工程师签认。

专业监理工程师应检查、复核施工单位报送的施工控制测量成果及保护措施，签署意见。专业监理工程师应对施工单位在施工过程中报送的施工测量放线成果进行查验。

施工控制测量成果及保护措施的检查、复核，应包括下列内容：

①施工单位测量人员的资格证书及测量设备检定证书；

②施工平面控制网、高程控制网和临时水准点的测量成果及控制桩的保护措施。

专业监理工程师应检查施工单位为工程提供服务的试验室。

试验室的检查应包括下列内容：

①试验室的资质等级及试验范围；

②法定计量部门对试验设备出具的计量检定证明；

③试验室管理制度；

④试验人员资格证书。

专业监理工程师应审查施工单位定期提交影响工程质量的计量设备的检查和检定报告。

（三）工程进度控制

项目监理机构应审查施工单位报审的施工总进度计划和阶段性施工进度计划，提出审查意见，并应由总监理工程师审核后报建设单位。

施工进度计划审查应包括下列基本内容：

①施工进度计划应符合施工合同中工期的约定；

②施工进度计划中主要工程项目无遗漏，应满足分批投入试运、分批动用的需要，阶段性施工进度计划应满足总进度控制目标的要求；

③施工顺序的安排应符合施工工艺要求；

④施工人员、工程材料、施工机械等资源供应计划应满足施工进度计划的需要；

⑤施工进度计划应符合建设单位提供的资金、施工图纸、施工场地、物资等施工条件。

项目监理机构应检查施工进度计划的实施情况，应注重阶段性施工进度计划与总进度计划目标的一致性，发现实际进度严重滞后于计划进度且影响合同工期时，应签发监理通知单，要求施工单位采取调整措施加快施工进度，总监理工程师应向建设单位报告工期延误风险。

项目监理机构应比较分析工程施工实际进度与计划进度，预测实际进度对工程总工期的影响，并应在监理月报中向建设单位报告工程实际进展情况。

（四）安全生产管理的监理工作

项目监理机构应根据法律法规、工程建设强制性标准，履行建设工程安全生产管理的监理职责，并应将安全生产管理的监理工作内容、方法和措施纳入监理规划及监理实施细则。

项目监理机构应审查施工单位现场安全生产规章制度的建立和实施情况，并应审查施工单位安全生产许可证及施工单位项目经理、专职安全生产管理人员和特种作业人员的资格，同时，应核查施工机械和设施的安全许可验收手续。

项目监理机构应审查施工单位报审的专项施工方案，符合要求的，应由总监理工程师签认后报建设单位。超过一定规模的危险性较大的分部分项工程的专项施工方案，应检查施工单位组织专家进行论证、审查的情况，以及是否附具安全验算结果。项目监理机构应要求施工单位按已批准的专项施工方案组织施工。专项施工方案需要调整时，施工单位应按程序重新提交项目监理机构审查。

专项施工方案审查应包括下列基本内容：

①编审程序应符合相关规定；

②安全技术措施应符合工程建设强制性标准。

项目监理机构应巡视检查危险性较大的分部分项工程专项施工方案实施情况。发现未按专项施工方案实施时，应签发监理通知单，要求施工单位按专项施工方案实施。

项目监理机构在实施监理过程中，发现工程存在安全事故隐患时，应签发监理通知单，要求施工单位整改；情况严重时，应签发工程暂停令，并应及时报告建设单位。施工单位拒不整改或不停止施工时，项目监理机构应及时向有关主管部门报送监理报告。

紧急情况下，项目监理机构通过电话、传真或者电子邮件向有关主管部门报告的，事后应形成监理报告。

五、工程变更、索赔及施工合同争议处理

（一）工程暂停及复工

总监理工程师在签发工程暂停令时，可根据停工原因的影响范围和影响程度，确定停工范围，并应按施工合同和建设工程监理合同的约定签发工程暂停令。总监理工程师应及时签发工程暂停令的情况。

总监理工程师应及时签发工程暂停令的情况：

①建设单位要求暂停施工且工程需要暂停施工的；

②施工单位未经批准擅自施工或拒绝项目监理机构管理的；

③施工单位未按审查通过的工程设计文件施工的；

④施工单位违反工程建设强制性标准的；

⑤施工存在重大质量、安全事故隐患或发生质量、安全事故的。

总监理工程师签发工程暂停令应事先征得建设单位同意，在紧急情况下未能事先报告时，应在事后按监理委托合同的要求及时向建设单位做出书面报告。暂停施工事件发生时，项目监理机构应如实记录所发生的情况。

总监理工程师应会同有关各方按施工合同约定，处理因工程暂停引起的与工期、费用有关的问题。因施工单位原因暂停施工时，项目监理机构应检查、验收施工单位的停工整改过程、结果。

当暂停施工原因消失、具备复工条件时，施工单位提出复工申请的，项目监理机构应审查施工单位报送的工程复工报审表及有关材料，符合要求后，总监理工程师应及时签署审查意见，并应报建设单位批准后签发工程复工令；施工单位未提出复工申请的，总监理工程师应根据工程实际情况指令施工单位恢复施工。

（二）工程变更

发生工程变更，应经过建设单位、设计单位、施工单位和工程监理单位的签认，并通过总监理工程师下达变更指令后，施工单位方可进行施工。工程变更需要修改工程设计文件，涉及消防、人防、环保、节能、结构等内容的，应按规定经有关部门重新审查。

项目监理机构可按下列程序处理施工单位提出的工程变更：

①总监理工程师组织专业监理工程师审查施工单位提出的工程变更申请，提出审查意见。对涉及工程设计文件修改的工程变更，应由建设单位转交原设计单位修改工程设计文件。必要时，项目监理机构应建议建设单位组织设计、施工等单位召开论证工程设计文件修改方案的专题会议。

②总监理工程师组织专业监理工程师对工程变更费用及工期影响做出评估。

③总监理工程师组织建设单位、施工单位等共同协商确定工程变更费用及工期变化，会签工程变更单。

④项目监理机构根据批准的工程变更文件监督施工单位实施工程变更。

项目监理机构可在工程变更实施前与建设单位、施工单位等协商确定工程变更的计价原则、计价方法或价款。

建设单位与施工单位未能就工程变更费用达成协议时，项目监理机构可提出一个暂定价格并经建设单位同意，作为临时支付工程款的依据。工程变更款项最终结算时，应以建设单位与施工单位达成的协议为依据。

项目监理机构可对建设单位要求的工程变更提出评估意见，并应督促施工单位按会签后的工程变更单组织施工。

（三）费用索赔

项目监理机构应及时收集、整理有关工程费用的原始资料，为处理费用索赔提供证据。项目监理机构处理费用索赔的主要依据应包括下列内容：

①法律法规；

②勘察设计文件、施工合同文件；

③工程建设标准；

④索赔事件的证据。

项目监理机构可按下列程序处理施工单位提出的费用索赔：

①受理施工单位在施工合同约定的期限内提交的费用索赔意向通知书。

②收集与索赔有关的资料。

③受理施工单位在施工合同约定的期限内提交的费用索赔报审表。

④审查费用索赔报审表。需要施工单位进一步提交详细资料时，应在施工合同约定的期限内发出通知。

⑤与建设单位和施工单位协商一致后，在施工合同约定的期限内签发费用索赔报审表，并报建设单位。

项目监理机构批准施工单位费用索赔应同时满足下列条件：

①施工单位在施工合同约定的期限内提出费用索赔；

②索赔事件是因非施工单位原因造成，且符合施工合同约定；

③索赔事件造成施工单位直接经济损失。

当施工单位的费用索赔要求与工程延期要求相关联时，项目监理机构可提出费用索赔和工程延期的综合处理意见，并应与建设单位和施工单位协商。

因施工单位原因造成建设单位损失，建设单位提出索赔时，项目监理机构应与建设单位和施工单位协商处理。

处理索赔时，应遵循“谁索赔，谁举证”的原则，并注意证据的有效性。总监理工程师在签发索赔报审表时，可附一份索赔审查报告，索赔审查报告内容包括受理索赔的日期、索赔要求、索赔过程、确认的索赔理由及合同依据、批准的索赔额及其计算方法等。

（四）工程延期及工期延误

施工单位提出工程延期要求符合施工合同约定时，项目监理机构应予以受理。

当影响工期事件具有持续性时，项目监理机构应对施工单位提交期阶段性工程临时延期报审表进行审查，并应签署工程临时延期审核意见后报建设单位。

当影响工期事件结束后，项目监理机构应对施工单位提交的工程最终延期报审表进行审查，并应签署工程最终延期审核意见后报建设单位。

项目监理机构在批准工程临时延期、工程最终延期前，均应与建设单位和施工单位协商。项目监理机构批准工程延期应同时满足下列条件：

①施工单位在施工合同约定的期限内提出工程延期；

②因非施工单位原因造成施工进度滞后；

③施工进度滞后影响到施工合同约定的工期。

施工单位因工程延期提出费用索赔时，项目监理机构可按施工合同约定进行处理。发生工期延误时，项目监理机构应按施工合同约定进行处理。

（五）施工合同争议

项目监理机构处理施工合同争议时应进行下列工作：

①了解合同争议情况；

②及时与合同争议双方进行磋商；

③提出处理方案后，由总监理工程师进行协调；

④当双方未能达成一致时，总监理工程师应提出处理合同争议的意见。

项目监理机构在施工合同争议处理过程中，对未达到施工合同约定的暂停履行合同条件的，应要求施工合同双方继续履行合同。

在施工合同争议的仲裁或诉讼过程中，项目监理机构应按仲裁机关或法院要求提供与争议有关的证据。

（六）施工合同解除

因建设单位原因导致施工合同解除时，项目监理机构应按施工合同约定与建设单位和施工单位按下列款项协商确定施工单位应得款项，并应签发工程款支付证书：

①施工单位按施工合同约定已完成的工作应得款项；

②施工单位按批准的采购计划订购工程材料、构配件、设备的款项；

③施工单位撤离施工设备至原基地或其他目的地的合理费用；

④施工单位人员的合理遣返费用；

⑤施工单位合理的利润补偿；

⑥施工合同约定的建设单位应支付的违约金。

因施工单位原因导致施工合同解除时，项目监理机构应按施工合同约定，从下列款项中确定施工单位应得款项或偿还建设单位的款项，并应与建设单位和施工单位协商后，书面提交施工单位应得款项或偿还建设单位款项的证明：

①施工单位已按施工合同约定实际完成的工作应得款项和已给付的款项；

②施工单位已提供的材料、构配件、设备和临时工程等的价值；

③对已完工程进行检查和验收、移交工程资料、修复已完工程质量缺陷等所需的费用；

④施工合同约定的施工单位应支付的违约金。

因非建设单位、施工单位原因导致施工合同解除时，项目监理机构应按施工合同约定处理合同解除后的有关事宜。

第五章　施工成本管理

施工成本管理，是指通过控制手段，在达到建筑物预定功能和工期要求的前提下优化成本开支，将施工总成本控制在施工合同或设计规定的预算范围内。

第一节　安装工程费用项目的组成与计算

一、按费用构成要素划分的建筑安装工程费用项目组成及计算

建筑安装工程费用项目按费用构成要素组成划分为人工费、材料（包含工程设备）费、施工机具使用费、企业管理费、利润、规费和税金，其中人工费、材料费、施工机具使用费、企业管理费和利润包含在分部分项工程费、措施项目费、其他项目费中。

（一）人工费的组成及计算

1. 人工费的组成

人工费是指按工资总额构成规定，支付给从事建筑安装工程施工的生产工人和附属生产单位工人的各项费用，具体包括：计时工资或计件工资、奖金、津贴补贴、加班加点工资、特殊情况下支付的工资。

2. 人工费的计算

$$人工费=\sum（工日消耗量\times日工资单价）$$

主要适用于施工企业投标报价时自主确定人工费，也是工程造价管理机构编制计价定额确定定额人工单价或发布人工成本信息的参考依据。

$$人工费=\sum（工程工日消耗量\times日工资单价）$$

适用于工程造价管理机构编制计价定额时确定定额人工费，是施工企业投标报价的参考依据。

（二）材料费的组成及计算

1. 材料费的组成

材料费是指施工过程中耗费的原材料、辅助材料、构配件、零件、半成品或成品、工程设备的费用，具体包括：材料原价、运杂费、运输损耗费、采购及保管费（包括采购费、仓储费、工地保管费、仓储损耗）。

2. 材料费的计算

材料费=∑（材料消耗量×材料单价）

材料单价=｛（材料原价+运杂费）×［1+运输损耗率（%）］｝×［1+采购保管费率（%）］

（三）施工机具使用费的组成及计算

1. 施工机具使用费的组成

施工机具使用费是指施工作业所发生的施工机械、仪器仪表使用费或其租赁费。

①施工机械使用费：以施工机械台班耗用量乘以施工机械台班单价表示，施工机械台班单价应由折旧费、大修理费、经常修理费、安拆费及场外运费（大型机械除外）、人工费、燃料动力费和税费（如车船使用税、保险费及年检费等）等七项费用组成。

②仪器仪表使用费：是指工程施工所需使用的仪器仪表的摊销及维修费用。

2. 施工机具使用费的计算

施工机械使用费=∑（施工机械台班消耗量×机械台班单价）

机械台班单价=台班折旧费+台班大修费+台班经常修理费+台班安拆费及场外运费+台班人工费+台班燃料动力费+台班车船税费

（四）企业管理费的组成

企业管理费是指建筑安装企业组织施工生产和经营管理所需的费用。主要包括：管理人员工资、办公费、差旅交通费、固定资产使用费（即属于固定资产的房屋、设备、仪器等的折旧、大修、维修或租赁费）、工具用具使用费、劳动保险和职工福利费、劳动保护费、检验试验费（不包括新结构、新材料的试验费），工会经费、职工教育经费、财产保险费（即施工管理用财产、车辆等的保险费用）、财务费（即企业为施工生产筹集资金或提供预付款担保、履约担保、职工工资支付担保等所发生的各种费用）、税金、其他。

（五）利润的组成及计算

1. 利润的组成

利润是指施工企业完成所承包工程获得的盈利。

2. 利润的计算

（1）施工企业根据企业自身需求并结合建筑市场实际自主确定，列入报价中。

（2）工程造价管理机构在确定计价定额中利润时，应以定额人工费或定额人工费与定额机械费之和作为计算基数，以单位（单项）工程测算，利润在税前建筑安装工程费的比重可按不低于5%且不高于7%的费率计算。利润应列入分部分项工程和措施项目中。

（六）规费的组成及计算

1. 规费的组成

规费是指按国家法律、法规规定，由省级政府和省级有关权力部门规定必须缴纳或计取的费用。包括“五险一金”和工程排污费。

“五险”（即社会保险费）主要包括：养老保险费、失业保险费、医疗保险费、生育保险费、工伤保险费。“一金”即住房公积金。

工程排污费是指按规定缴纳的施工现场工程排污费。

2. 规费的计算

（1）社会保险费和住房公积金

社会保险费和住房公积金 = Σ（工程定额人工费×社会保险费和住房公积金费率）

（2）工程排污费

工程排污费等其他应列而未列入的规费应按工程所在地环境保护等部门规定的标准缴纳，按实计取列入。

（七）税金的组成及计算

1. 税金的组成

税金是指国家税法规定的应计入建筑安装工程造价内的营业税、城市维护建设税、教育费附加及地方教育附加。

2. 税金的计算

税金 = 税前造价×综合税率（%）

二、按造价形成划分的建筑安装工程费用项目组成及计算

建筑安装工程费按照工程造价形成由分部分项工程费、措施项目费、其他项目费、规费、税金组成，分部分项工程费、措施项目费、其他项目费包含人工费、材料费、施工机具使用费、企业管理费和利润。

（一）分部分项工程费的组成及计算

1. 分部分项工程费的组成

分部分项工程费是指各专业工程的分部分项工程应予列支的各项费用。

2. 分部分项工程费计算

分部分项工程费 = Σ（分部分项工程量×综合单价）

式中：综合单价包括人工费、材料费、施工机具使用费、企业管理费和利润及一定范围的风险费用。

（二）措施项目费的组成及计算

1. 措施项目费的组成

措施项目费是指为完成建设工程施工，发生于该工程施工前和施工过程中的技术、生活、安全、环境保护等方面的费用。主要包括：安全文明施工费（包括环境保护费、文明施工费、安全施工费、临时设施费）、夜间施工增加费、二次搬运费、冬雨期施工增加费、已完工程及设备保护费、工程定位复测费、特殊地区施工增加费、大型机械设备进出场及安拆费和脚手架工程费。

2. 措施项目费的计算

国家计量规范规定应予计量的措施项目，其计算公式为：

措施项目费 = Σ（措施项目工程量×综合单价）

（三）其他项目费的组成及计算

1. 其他项目费的组成

其他项目费包括暂列金额、计日工和总承包服务费。暂列金额是指建设单位在工程量清单中暂定并包含在工程合同价款中的一笔款项。计日工是指在施工过程中，施工企业完成建设单位提出的施工图纸以外的零星项目或工作所需的费用。总承包服务费是指总承包人为配合、协调建设单位进行的专业工程发包，对建设单位自行采购的材料、工程设备等进行保管及施工现场管理、竣工资料汇总整理等服务所需的费用。

2. 其他项目费的计算

①暂列金额由建设单位根据工程特点，按有关计价规定估算，施工过程中由建设单位掌握使用，扣除合同价款调整后如有余额，归建设单位。

②计日工由建设单位和施工企业按施工过程中的签证计价。

③总承包服务费由建设单位根据总包服务范围和有关计价规定编制，施工企业投标时自主报价，施工过程中按签约合同价执行。

（四）规费和税金的组成及计算

1. 规费和税金的组成

规费和税金的组成同于按费用构成要素划分的建筑安装工程费用项目规费和税金的组成。

2. 规费和税金的计算

建设单位和施工企业均应按照省、自治区、直辖市或行业建设主管部门发布的标准计算规费和税金，不得作为竞争性费用。

三、工程量清单计价

（一）工程量清单计价规范概述

工程量清单计价是一种主要的计价模式。使用国有资金投资的建设工程发承包，必须采用工程量清单计价。

安全文明施工费、规费和税金必须按国家或省级、行业建设主管部门的规定计算，不得作为竞争性费用。

（二）工程量清单的作用

工程量清单是贯穿于建设工程的招投标阶段和施工阶段，是工程量清单计价的基础，是编制招标控制价、投标报价、计算工程量、支付工程款、调整合同价款、办理竣工结算及工程索赔等的依据。工程量清单的主要作用包括：①为投标人的投标竞争提供了一个平等和共同的基础；②是建设工程计价的依据；③是工程付款和结算的依据；④是调整工程价款、处理工程索赔的依据。

（三）工程量清单计价的基本过程

工程量清单计价过程可以分为工程量清单编制和工程量清单应用两个阶段。

（四）工程量清单计价的方法

1. 工程造价的计算

按分部分项工程单价的组成来分，工程量清单计价主要包括三种形式：工料单价法、综合单价法、全费用综合单价法。

工料单价=人工费+材料费+施工机具使用费

综合单价=人工费+材料费+施工机具使用费+管理费+利润

全费用综合单价=人工费+材料费+施工机具使用费+管理费+利润+规费+税金

《计价规范》规定，分部分项工程量清单应采用综合单价计价。

2. 分部分项工程费计算

利用综合单价法计算分部分项工程费需要确定各分部分项工程的工程量及其综合单价。

（1）分部分项工程量的确定

招标文件中工程量清单标明的工程量是工程量清单编制人按照施工图图示尺寸和工程量计算规则计算得到的工程净量，是招标人编制招标控制价和投标人投标报价的共同基础。

（2）综合单价的编制

综合单价的计算通常采用定额组价的方法，即以计价定额为基础进行组合计算。综合单价的计算步骤为：①确定组合定额子目；②计算定额子目工程量；③测算人、料、机消耗量；④确定人、料、机单价；⑤计算清单项目人、料、机费；⑥计算清单项目的管理费和利润；⑦计算清单项目的综合单价。

综合单价=（人、料、机费+管理费+利润）/清单工程量

3. 措施项目费计算

措施项目费的计算方法一般有三种：综合单价法、参数法计价和分包法计价。

4. 其他项目费计算

其他项目费由暂列金额、暂估价、计日工、总承包服务费等内容构成。暂列金额和暂估价由招标人按估算金额确定，计日工和总承包服务费由承包人根据招标人提出的要求，按估算的费用确定。

5. 规费与税金的计算

规费和税金应按国家或省级、行业建设主管部门的规定计算，不得作为竞争性费用。

6. 风险费用的确定

采用工程量清单计价的工程，应在招标文件或合同中明确风险内容及其范围（幅度），

并在工程计价过程中予以考虑。

(五) 投标价的编制方法

投标价不能高于招标人设定的招标控制价。投标计算前，应预先确定施工方案和施工进度。此外，投标计算还必须与采用的合同形式相一致。

1. 投标价的编制原则

①投标报价由投标人自主确定，但必须执行《建设工程工程量清单计价规范》的强制性规定；

②投标人的投标报价不得低于工程成本；

③按招标人提供的工程量清单填报价格；

④投标报价高于招标控制价的应予废标；

⑤投标报价要以招标文件中设定的发承包双方责任划分，作为设定投标报价费用项目和费用计算的基础；

⑥应以施工方案、技术措施等作为投标报价计算的基本条件；

⑦报价计算方法要科学严谨，简明适用。

2. 投标价的编制内容

编制投标报价之前，须先对清单工程量进行复核。投标报价的编制过程，首先根据招标人提供的工程量清单编制分部分项工程量清单计价表、措施项目清单计价表、其他项目清单计价表、规费、税金项目清单计价表；其次对上述计价表进行计算，汇总得到单位工程投标报价汇总表；再层层汇总，最终分别得出单项工程投标报价汇总表和工程项目投标总价汇总表。

(1) 分部分项工程费报价

编制分部分项工程量清单与计价表的核心是确定综合单价。综合单价的确定方法与招标控制价中综合单价的确定方法相同，但确定的依据有所差异，主要体现在：

①工程量清单项目特征描述，在招投标过程中，若招标文件中分部分项工程量清单特征描述与设计图纸不符，投标人应以分部分项工程量清单的项目特征描述为准，确定投标报价的综合单价；若施工过程中施工图纸或设计变更与工程量清单项目特征描述不一致时，发、承包双方应按实际施工的项目特征，依据合同约定重新确定综合单价。

②企业定额，企业定额是施工企业内部进行施工管理的标准，也是施工企业投标报价确定综合单价的依据之一。

③资源可获取价格，综合单价中的人工费、材料费、机械费是以企业定额的人、料、机消耗量乘以人、料、机的实际价格得出的，资源可获取价格直接影响综合单价的高低。

④企业管理费费率、利润率，企业管理费费率可由投标人根据本企业管理费核算数据

自行测定，也可以参照当地造价管理部门发布的平均参考值。

利润率可由投标人根据企业当前的盈利情况、施工水平、拟投标工程的竞争情况及企业当前的经营策略自主确定。

⑤风险费用，招标文件中要求投标人承担的风险费用，投标人应在综合单价时予以考虑，通常以风险费率的形式进行计算。

⑥材料暂估价，招标文件中提供了暂估单价的材料，按暂估的单价计入综合单价。

（2）措施项目费报价

投标人可根据工程项目实际情况、施工组织设计或施工方案，自主确定措施项目费。

（3）其他项目费报价

投标报价时，投标人对其他项目费应遵循以下原则：①暂列金额应按照其他项目清单中列出的金额填写，不得变动；②暂估价不得变动和更改；③计日工应按照其他项目清单列出的项目和估算的数量，自主确定各项综合单价并计算费用；④总承包服务费应根据招标人在招标文件中列出的分包专业工程内容、供应材料及设备情况，由投标人按照招标人提出的协调、配合与服务要求及施工现场管理需要自主确定。

（4）规费和税金报价

规费和税金的报价应按国家或省级、行业建设主管部门规定计算，不得作为竞争性费用。

（5）投标价的汇总

投标人在进行工程项目工程量清单招标的投标报价时，不得进行投标总价优惠（或降价、让利），对投标报价的任何优惠（或降价、让利）均应反映在相应清单项目的综合单价中。

第二节 建设工程定额

一、建设工程定额的分类

建设工程定额是工程建设中各类定额的总称，可以按照不同的原则和方法对其进行科学的分类。

（一）按生产要素内容分类

①人工定额（又称劳动定额）：是指在正常的施工技术和组织条件下，为完成单位合格产品所必需的人工消耗量标准。

②材料消耗定额：是指在合理和节约使用材料的条件下，生产单位合格产品所必须消

耗的一定规格的材料、成品、半成品和水、电等资源的数量标准。

③施工机械台班使用定额：也称施工机械台班消耗定额，是指施工机械在正常施工条件下完成单位合格产品所必需的工作时间。

（二）按编制程序和用途分类

建设工程定额按编制程序和用途可分为：施工定额、预算定额、概算定额、概算指标、投资估算指标（注意：这几个定额的编制对象是逐渐扩大的）。

1. 施工定额

施工定额是以同一性质的施工过程——工序作为研究对象的。在企业内部使用的一种定额，属于企业定额的性质，也是建设工程定额中的基础性定额。施工定额由人工定额、材料消耗定额和机械台班使用定额组成。

施工定额的定额水平反映了施工企业生产与组织的技术水平和管理水平。施工定额也是编制预算定额的基础。

2. 预算定额

预算定额是以建筑物或构筑物各个分部分项工程为对象编制的定额。预算定额是以施工定额为基础综合扩大编制的，同时也是编制概算定额的基础。预算定额是编制施工图预算的主要依据，是编制单位估价表、确定工程造价、控制建设工程投资的基础和依据。与施工定额不同，预算定额是社会性的，而施工定额是企业性的。

3. 概算定额

概算定额是以扩大的分部分项工程为对象编制的。概算定额是编制扩大初步设计概算、确定建设项目投资额的依据。概算定额一般是在预算定额的基础上综合扩大编制而成的，每一综合分项概算定额都包含了数项预算定额。

4. 概算指标

概算指标是概算定额的扩大与合并，以整个建筑物和构筑物为对象，以更为扩大的计量单位来编制的。概算指标是设计单位编制设计概算或建设单位编制年度投资计划的依据，也可作为编制估算指标的基础。

5. 投资估算指标

投资估算指标通常是以独立的单项工程或完整的工程项目为计算对象编制确定的生产要素消耗的数量标准或项目费用标准。

（三）按编制单位和适用范围分类

①全国统一定额：是指由国家建设行政主管部门组织，依据有关国家标准和规范，综

合全国工程建设的技术与管理状况等编制和发布，在全国范围内使用的定额。

②行业定额：是指由行业建设行政主管部门组织，依据有关行业标准和规范，考虑行业工程建设特点等情况所编制和发布的，在本行业范围内使用的定额。

③地区定额：是指由地区建设行政主管部门组织，结合地区工程建设特点和情况制定和发布，在本地区内使用的定额。

④企业定额：是指由施工企业自行组织，主要根据企业的自身情况，包括人员素质、机械装备程度、技术和管理水平等编制，在本企业内部使用的定额。

（四）按投资的费用性质分类

①建筑工程定额：是建筑工程的施工定额、预算定额、概算定额及概算指标的统称。

②设备安装工程定额：是设备安装工程的施工定额、预算定额、概算定额及概算指标的统称。

③建筑安装工程费用定额：包括措施费定额和间接费定额。

④工具、器具定额：是为新建或扩建项目投产运转首次配置的工具、器具数量标准。

⑤工程建设其他费用定额：是独立于建筑安装工程定额、设备和工器具购置之外的其他费用开支的标准。

二、人工定额

人工定额反映生产工人在正常施工条件下的劳动效率，表明每个工人生产单位合格产品所必须消耗的劳动时间，或者在一定的劳动时间中所生产的合格产品数量。

（一）人工定额的编制

人工定额的编制主要包括拟定正常的施工条件及拟定定额时间两项工作，但拟定定额时间的前提是对工人工作时间按其消耗性质进行分类研究。

1. 工人工作时间消耗的分类

工人在工作班内消耗的工作时间，按其消耗的性质，基本可以分为两大类：必须消耗的时间和损失时间。

（1）必须消耗的工作时间

必须消耗的时间是指工人在正常施工条件下，为完成一定产品（工作任务）所消耗的时间。它是制定定额的主要根据。必须消耗的工作时间，包括有效工作时间、休息时间和不可避免中断时间。

有效工作时间是从生产效果来看与产品生产直接有关的时间消耗。包括基态工作时间、辅助工作时间、准备与结束工作时间。

基本工作时间是指工人完成一定产品的施工工艺过程所消耗的时间。基本工作时间的长短与工作量大小成正比。

准备与结束工作时间是执行任务前或任务完成后所消耗的工作时间。准备和结束工作时间的长短与所担负的工作量大小无关，往往与工作内容有关。

辅助工作时间是为保证基本工作能顺利完成所消耗的时间。

不可避免的中断时间是指由于施工工艺特点引起的工作中断所必需的时间。与施工过程、工艺特点有关的工作中断时间，应包括在定额时间内。与工艺特点无关的工作中断所占用时间，属于损失时间，不能计入定额时间。

休息时间，是指工人在工作过程中为恢复体力所必需的短暂休息和生理需要的时间消耗。休息时间的长短和劳动条件有关，劳动越繁重紧张、劳动条件越差（如高温），休息时间越长。

（2）损失时间

损失时间是指与产品生产无关，而与施工组织和技术上的缺陷有关，与工人在施工过程中的个人过失或某些偶然因素有关的时间消耗。损失时间包括多余和偶然工作、停工、违背劳动纪律所引起的损失时间。

多余工作是指工人进行了任务以外而又不能增加产品数量的工作。多余工作的工时损失，一般都是由于工程技术人员和工人的差错而引起的，不应计入定额时间史。

偶然工作是指工人在任务外进行的工作，但能够获得一定产品。如：抹灰工不得不补上偶然遗留的墙洞等。由于偶然工作能获得一定产品，拟定定额时要适当考虑其影响。

停工时间是指工作班内停止工作造成的工时损失。停工时间按其性质可分为施工本身造成的停工时间和非施工本身造成的停工时间。施工本身造成的停工时间指由于施工组织不善、材料供应不及时、工作面准备工作做得不好、工作地点组织不良等情况引起的停工时间，在拟定定额时不应该计算。非施工本身造成的停工时间，如：由于水源、电源中断引起的停工时间，在拟定定额时应给予合理的考虑。

违背劳动纪律造成的工作时间损失是指工人在工作班开始和午休后的迟到、午饭前和工作班结束前的早退、擅自离开工作岗位、工作时间内聊天或办私事等造成的工时损失。此项工时损失不允许存在，故在定额中不予考虑。

2. 拟定正常的施工作业条件

拟定施工的正常条件，即规定执行定额时应该具备的条件，包括：拟定施工作业的内容（what）、拟定施工作业的方法（how）、拟定施工作业地点的组织（where）、拟定施工作业人员的组织（who）等。

3. 拟定施工作业的定额时间

施工作业的定额时间是在拟定基本工作时间、辅助工作时间、准备与结束时间、不可避免的中断时间及休息时间的基础上编制的。

上述各项时间是以时间研究为基础，通过时间测定方法，得出相应的观测数据，经加工整理计算后得到的。计时测定的方法有许多种，如：测时法、写实记录法、工作日写实法等。

（二）人工定额的形式

人工定额按表现形式的不同分为时间定额和产量定额。

1. 时间定额

时间定额是某种专业、某种技术等级工人班组或个人，在合理的劳动组织和合理使用材料的条件下，完成单位合格产品所必需的工作时间。时间定额以工日为单位，每一工日按 8 小时计算。

2. 产量定额

产量定额是在合理的劳动组织和合理使用材料的条件下，某种专业、某种技术等级的工人班组或个人在单位工日中所应完成的合格产品的数量。

（三）人工定额的制定方法

人工定额根据国家的经济政策、劳动制度和有关技术文件及资料制定。制定人工定额常用的方法有四种：技术测定法、统计分析法、比较类推法、经验估计法。

1. 技术测定法

技术测定法是根据生产技术和施工组织条件，对施工过程中各工序采用测时法、写实记录法、工作日写实法，测出各工序的工时消耗等资料，再对所获得的资料进行科学的分析，制定出人工定额的方法。

2. 统计分析法

统计分析法是把过去施工生产中的同类工程或同类产品的工时消耗的统计资料，与当前生产技术和施工组织条件的变化因素结合起来，进行统计分析的方法。这种方法简单易行，适用于施工条件正常、产品稳定、工序重复量大和统计工作制度健全的施工过程。

3. 比较类推法

比较类推法是以同类型工序和同类型产品的实耗工时为标准，类推出相似项目定额水平的方法。对于同类型产品规格多，工序重复、工作量小的施工过程，常用比较类推法。

4. 经验估计法

经验估计法是根据定额专业人员、经验丰富的工人和施工技术人员的实际工作经验，参考有关定额资料，对施工管理组织和现场技术条件进行调查、讨论和分析制定定额的方法。经验估计法通常作为一次性定额使用。

三、材料消耗定额

材料消耗定额指标的组成，根据其使用性质、用途和用量大小划分为以下四类：

①主要材料，指直接构成工程实体的材料；

②辅助材料，指直接构成工程实体，但比重较小的材料；

③周转性材料（又称工具性材料），指施工中多次使用但并不构成工程实体的材料，如：模板、脚手架等；

④零星材料，指用量小、价值不大、不便计算的次要材料，可用估算法计算。

（一）材料消耗定额的编制

编制材料消耗定额，主要确定直接使用在工程上的材料净用量和在施工现场内运输及操作过程中不可避免的废料和损耗。

1. 材料净用量的确定

①测定法：根据试验情况和现场测定的资料数据确定材料的净用量。

②图纸计算法：根据选定的图纸，计算各种材料的体积、面积、延长米或重量。

③经验法：根据同类项目的经验进行估算。

2. 材料损耗量的确定

材料的损耗一般以损耗率表示。材料损耗率可采用观察法或统计法计算确定。

（二）周转性材料消耗定额的编制

周转性材料指在施工过程中多次使用、周转的工具性材料，如：钢筋混凝土工程用的模板，搭设脚手架用的梯子、跳板，挖土方工程用的挡土板等。

周转性材料消耗一般与以下四个因素有关：①第一次制造时的材料消耗（一次使用量）；②每周转使用一次材料的损耗（第二次使用时需要补充）；③周转使用次数；④周转材料的最终回收及其回收折价。

定额中周转材料消耗量指标，应用一次使用量和摊销量两个指标表示。一次使用量是指周转材料在不重复使用时的一次使用量，供施工企业组织施工用；摊销量是指周转材料退出使用，应分摊到每一计量单位的结构构件的周转材料消耗量，供施工企业成本核算或投标报价时使用。

四、施工机械台班使用定额

（一）施工机械台班使用定额的形式

1. 施工机械时间定额

施工机械时间定额指在合理劳动组织与合理使用机械条件下，完成单位合格产品所必需的工作时间，包括有效工作时间（正常负荷下的工作时间和降低负荷下的工作时间）、不可避免的中断时间、不可避免的无负荷工作时间。机械时间定额以“台班”表示，即一台机械工作一个作业班时间。通常一个作业班时间为 8 小时。

2. 机械产量定额

机械产量定额指在合理劳动组织与合理使用机械条件下，机械在每个台班时间内，应完成合格产品的数量。

（二）施工机械台班使用定额的编制

1. 机械工作时间消耗的分类

机械工作时间的消耗，按其性质分为必须消耗的时间和损失时间两大类。

（1）必须消耗的工作时间

必须消耗的工作时间，包括有效工作、不可避免的无负荷工作和不可避免的中断三项时间消耗。

①有效工作的时间消耗，包括正常负荷下、有根据地降低负荷下的工时消耗。正常负荷下的工作时间指机械在与机械说明书规定的计算负荷相符的情况下进行工作的时间；有根据地降低负荷下的工作时间指在个别情况下由于技术上的原因，机械在低于其计算负荷下工作的时间。

②不可避免的无负荷工作时间，是指由施工过程的特点和机械结构的特点所造成的机械无负荷工作时间（如：筑路机在工作区末端掉头等）。

③不可避免的中断工作时间，是指与工艺过程的特点、机械的使用和保养、工人休息有关的中断时间。

与工艺过程的特点有关的不可避免中断工作时间，分为循环的和定期的两种。循环的不可避免中断是在机械工作的每一个循环中重复一次。如：汽车装货和卸货时的停车。定期的不可避免中断是经过一定时期重复一次。比如，把灰浆泵由一个工作地点转移到另一工作地点时的工作中断。

与机械有关的不可避免中断工作时间是由于工人进行准备与结束工作或辅助工作时，

机械停止工作所引起的中断工作时间。它是与机械的使用与保养有关的不可避免中断时间。

（2）损失时间

损失的工作时间包括多余工作、停工、违背劳动纪律所消耗的工作时间和低负荷下的工作时间。

①机械的多余工作时间是机械进行任务内和工艺过程内未包括的工作而延续的时间。如：工人没有及时供料而使机械空运转的时间。

②机械的停工时间，按其性质可分为施工本身造成和非施工本身造成的停工。施工本身造成的停工时间是由于施工组织不当而引起的停工现象，如：由于未及时供给机械燃料而引起的停工。非施工本身造成的停工时间是由于气候条件所引起的停工现象，如：暴雨天气压路机的停工。

③违反劳动纪律引起的机械损失时间指由于工人迟到早退或擅离岗位等原因引起的机械停工时间。

④低负荷下的工作时间是由于工人或技术人员的过错所造成的施工机械在降低负荷的情况下工作的时间（如：工人装车的砂石数量不足引起的汽车在降低负荷的情况下工作所延续的时间）。该时间不能作为计算时间定额的基础。

2. 施工机械台班使用定额的编制内容

①拟定机械工作的正常施工条件，包括工作地点的合理组织、施工机械作业方法的拟定、配合机械作业的施工小组的组织及机械工作班制度等。

②确定机械净工作生产率，即机械纯工作 1 小时的正常生产率。

③确定机械的利用系数，即机械在施工作业班内对作业时间的利用率。

④计算机械台班定额。

施工机械台班产量定额＝机械净工作生产率×工作班延续时间×机械利用系数

⑤拟定工人小组的定额时间，即拟定配合施工机械作业工人小组的工作时间总和。

工人小组定额时间＝施工机械时间定额×工人小组的人数

第三节 合同价款约定与工程结算

一、合同价款约定

（一）工程合同类型的选择

根据合同计价方式的不同，建设工程施工合同一般可划分为总价合同、单价合同和成本加酬金合同三种类型。

建设工程项目选择合同计价形式的主要依据包括：设计图纸深度、工期长短、工程规模和复杂程度。采用单价合同形式时，合同文件中必须包含工程量清单，清单中的工程量一般不具备合同约束力（量可调），工程款结算时按照合同中约定应予计量并实际完成的工程量进行调整。采用总价合同形式时，工程量清单中的工程量具备合同约束力（量不可调），工程量以合同图纸的标示内容为准，工程量以外的其他内容一般也都赋予合同约束力，从而方便合同变更的计量和计价。总之，采用单价合同符合工程量单计价模式的基本要求，且单价合同在合同管理中便于处理工程变更及索赔，在工程清单计价模式下，宜采用单价合同。

（二）合同价款的约定

合同价款的约定是建设工程合同的主要内容。实行招标的工程合同价款应在中标通知书发出之日起 30 天内，由发承包双方依据招标文件和中标人的投标文件在书面合同中约定。招标文件与投标人投标文件不一致的地方，以投标文件为准。

发承包双方应在合同条款中，约定以下事项：①预付工程款的数额、支付时间及抵扣方式；②安全文明施工措施的支付计划、使用要求等；③工程计量与支付工程进度款的方式、数额及时间；④工程价款的调整因素、方法、程序、支付及时间；⑤施工索赔与现场签证的程序、金额确认与支付时间；⑥承担计价风险的内容、范围及超出约定内容、范围的调整办法；⑦工程竣工价款结算编制与核对、支付及时间；⑧工程质量保证金的数额、扣留方式及时间；⑨违约责任及发生工程价款争议的解决方法及时间；⑩与履行合同、支付价款有关的其他事项。

二、工程计量

工程量的正确计量是发包人向承包人支付工程进度款的前提和依据。工程量须根据相关工程现行国家计量规范规定的工程量计算规则进行计算。工程计量可选择按月或按工程形象进度分段计量，具体计量周期在合同中约定。因承包人原因造成的超出合同工程范围施工或返工的工程量，发包人不予计量。成本加酬金合同参照单价合同计量。

（一）单价合同的计量

①工程量必须以承包人完成合同工程应予计量的工程量确定。

②施工中工程计量时，当发现招标工程量清单中出现缺项、工程量偏差，或因工程变更引起工程量增减时，应按承包人在履行合同义务中完成的工程量计算。

③承包人应当按合同约定的计量周期和时间向发包人提交当期已定工程量报告。发包

人应在收到报告后 7 天内核实，并将核实计量结果通知承包人。

④发包人认为需要进行现场计量核实的，应在计量前 24 小时通知承包人，承包人应为计量提供便利条件并派人参加。

⑤当承包人认为发包人核实后的计量结果有误，应在收到计量结果通知后的 7 天内向发包人提出书面意见，并附上其认为正确的计量结果和详细的计算资料。发包人收到书面意见后，应在 7 天内对承包人的计量结果进行复核后通知承包人。

⑥承包人完成已标价工程量清单中每个项目的工程量后，发承包双方应共同对每个项目的历次计量报表进行汇总，以核实最终结算工程量，且双方应在汇总表上签字确认。

（二）总价合同的计量

①采用工程量清单方式招标形成的总价合同，其工程量的计量参照单价合同的计量规定。

②采用经审定批准的施工图纸及其预算方式发包形成的总价合同，除按照工程规定引起的工程量增减外，总价合同各项目的工程量是承包人用于结算的最终工程量。

③总价合同约定的项目计量应以合同工程经审定批准的施工图纸为依据，发承包双方应在合同中约定工程计量的形象目标或时间节点进行计量。

④承包人应在合同约定的每个计量周期内，对已完成的工程进行计量，并向发包人提交达到工程形象目标完成的工程量和有关计量资料的报告。

⑤发包人应在收到报告后 7 天内对承包人提交的上述资料进行复核，以确定实际完成的工程量和工程形象进度。对其有异议的，应通知承包人进行共同复核。

三、合同价款调整

（一）合同价款调整的程序

①出现合同价款调增事项（不含工程量偏差、计日工、现场签证、施工索赔）后的 14 天内，承包人应向发包人提交合同价款调增报告并附上相关资料，若承包人在 14 天内未提交合同价款调增报告的，应视为承包人对该事项不存在调整价款请求。

②出现合同价款调减事项（不含工程量偏差、施工索赔）后的 14 天内，发包人应向承包人提交合同价款调减报告并附相关资料，若发包人在 14 天内未提交合同价款调减报告的，应视为发包人对该事项不存在调整价款请求。

③发包人应在收到承包人合同价款调增（减）报告及相关资料之日起 14 天内对其核实，予以确认的应书面通知承包人。发包人提出协商意见的，承包人应在收到协商意见后的 14 天内对其核实，予以确认的应书面通知发包人（承包人亦是如此）。

④发包人与承包人对合同价款调整的不同意见不能达成一致的，只要对发承包双方履约不产生实质影响的，双方应继续履行合同义务，直到其按照合同约定的争议解决方式得到处理。

⑤经发承包双方确认调整的合同价款，作为追加（减）合同价款，应与工程进度款或结算款同期支付。

（二）合同价款应当调整的事项

发生以下事项，发承包双方应当按照合同约定调整合同价款。

1. 法律法规变化

招标工程以投标截止日前 28 天，非招标工程以合同签订前 28 天为基准日，其后国家的法律、法规、规章和政策发生变化引起工程造价增减变化的，发承包双方应当按照省级或行业建设主管部门或其授权的工程造价管理机构据此发布的规定调整合同价款。

2. 工程变更

工程变更是指合同工程实施过程中由发包人提出或由承包人提出经发包人批准的合同工程任何一项工作的增、减、取消或施工工艺、顺序、时间的改变；设计图纸的修改；施工条件的改变；招标工程量清单的错、漏从而引起合同条件的改变或工程量的增减变化。工程变更价款的调整方法如下：

（1）分部分项工程费的调整

①已标价工程量清单中有适用于变更工程项目的，应采用该项目的单价；但当工程变更导致该清单项目的工程数量发生变化，且工程量偏差超过 15%时，调整的原则为：当程量增加 15%以上时，增加部分的工程量的综合单价应予调低；当工程量减少 15%以上时，减少后剩余部分的工程量的综合单价应予调高。

②已标价工程量清单中没有适用但有类似于变更工程项目的，可在合理范围内参照类似项目的单价。

③已标价工程量清单中没有适用也没有类似于变更工程项目的，应由承包人根据变更工程资料、计量规则和计价办法、工程造价管理机构发布的信息价格和承包人报价浮动率提出变更工程项目的单价，并应报发包人确认后调整。承包人报价浮动率可按下列公式计算：

招标工程：承包人报价浮动率 L=（1-中标价/招标控制价）×100%

非招标工程：承包人报价浮动率 L=（1-报价值/施工图预算）×100%

④已标价工程量清单中没有适用也没有类似于变更工程项目，且工程造价管理机构发布的信息价格缺价的，应由承包人根据变更工程资料、计量规则、计价办法和通过市场调查等取得有合法依据的市场价格提出变更工程项目的单价，并报发包人确认后调整。

（2）措施项目费的调整

拟实施的方案经发承包双方确认后执行，并应按照下列规定调整措施项目费：

①安全文明施工费按照实际发生变化的措施项目调整，不得浮动。

②采用单价计算的措施项目费，实际发生变化的措施项目按照已标价工程量清单项目的规定确定单价。

③按总价（或系数）计算的措施项目费，按照实际发生变化的措施项目调整，但应考虑承包人报价浮动因素。

（3）承包人报价偏差的调整

如果工程变更项目出现承包人在工程量清单中填报的综合单价与发包人招标控制价相应清单项目的综合单价偏差超过15%，则工程变更项目的综合单价可由发承包双方协商调整。

（4）删减工程或工作的补偿

非承包人原因删减，则承包人有权提出并应得到合理的费用及利润补偿。

3. 项目特征描述不符

承包人应按照发包人提供的设计图纸实施合同工程，若在合同履行期间，出现设计图纸（含设计变更）与招标工程量清单任一项目的特征描述不符，且此变化引起该项目的工程造价增减变化的，应按照实际施工的项目特征，按规范相关条款的规定重新确定相应工程量清单项目的综合单价，调整合同价款。

4. 工程量清单缺项

①合同履行期间，由于招标工程量清单中缺项，新增分部分项工程清单项目的，应按照变更价款确定方法确定单价，并调整合同价款。

②新增分部分项工程清单项目后，引起措施项目发生变化的，应按照计价规范的规定，在承包人提交的实施方案被发包人批准后调整合同价款。

③由于招标工程量清单中措施项目缺项，承包人应将新增措施项目实施方案提交发包人批准后，按照计价规范的规定调整合同价款。

5. 工程量偏差

工程量偏差是指承包人按照合同工程的图纸实施，按照现行国家计量规范规定的工程量计算规则计算得到的完成合同工程项目应予计量的工程量与相应的招标工程量清单项目列出的工程量之间出现的量差。

对于任一招标工程量清单项目，当由于本条规定的工程量偏差和工程变更等原因导致工程量偏差超过15%的，调整的原则为：当工程量增加15%以上时，其增加部分的工程量的综合单价应予调低；当工程量减少15%以上时，减少后剩余部分的工程量的综合单价应予调高。

6. 计日工

计日工是指在施工过程中，承包人完成发包人提出的工程合同范围以外的零星项目或工作，按合同中约定的单价计价的一种方式。

①发包人通知承包人以计日工方式实施的零星工作，承包人应予以执行。

②采用计日工计价的任何一项变更工作，承包人应在该项变更的实施过程中，按合同约定提交相关报表和相关凭证送发包人复核。

③任一计日工项目持续进行时，承包人应在该项工作实施结束后的 24 小时内，向发包人提交有计日工记录汇总的现场签证报告一式三份。发包人在收到承包人提交现场签证报告后的两天内予以确认并将其中一份返还给承包人，作为计日工计价和支付的依据。

④已标价工程量清单中没有该类计日工单价的，由发承包双方按变更价款的确定依法商定计日工单价计算。

⑤每个支付期末：承包人应按规定向发包人提交期间所有计日工记录的签证汇总表。

7. 物价变化

发生合同工程工期延误的，应按照下列规定确定合同履行期的价格调整：

①因发包人原因导致工期延误的，计划进度日期后续工程的价格，应采用计划进度日期与实际进度日期两者的较高者。

②因承包人原因导致工期延误的，计划进度日期后续工程的价格，应采用计划进度日期与实际进度日期的较低者。

物价变化合同价款调整方法有价格指数调整法和造价信息差额调整法。

8. 暂估价

暂估价是指招标人在工程量清单中提供的用于支付必然发生但暂时不能确定价格的材料、工程设备的单价及专业工程的金额。

①发包人在招标工程量清单中给定暂估价的材料、工程设备属于依法必须招标的，应由发承包双方以招标的方式选择供应商，确定价格，并以此为依据取代暂估价，调整合同价款。

②发包人在招标工程量清单中给定暂估价的材料及工程设备不属于依法必须招标的，应由承包人按照合同约定采购，经发包人确认后以此为依据取代暂估价，调整合同价款。

③发包人在工程量清单中给定暂估价的专业工程不属于依法必须招标的，应按照工程变更价款的确定方法确定专业工程价款，并应以此为依据取代专业工程暂估价，调整合同价款。

④发包人在招标工程量清单中给定暂估价的专业工程，属于依法必须招标的，应当由

发承包双方依法组织招标选择专业分包人，并接受有管辖权的建设工程招标投标管理机构的监督。

9. 不可抗力

不可抗力是指发承包双方在工程合同签订时不能预见的，对其发生的后果不能避免，并且不能克服的自然灾害和社会性突发事件。因不可抗力事件导致的人员伤亡、财产损失及其费用增加，发承包双方应按以下原则分别承担并调整合同价款和工期：

①合同工程本身的损害、因工程损害导致第三方人员伤亡和财产损失，以及运至施工场地用于施工的材料和待安装的设备的损害，应由发包人承担；

②发包人、承包人人员伤亡应由其所在单位负责，并承担相应费用；

③承包人的施工机械设备损坏及停工损失，应由承包人承担；

④停工期间，承包人应发包人要求留在施工场地的必要的管理人员及保卫人员的费用应由发包人承担；

⑤工程所需清理、修复费用，应由发包人承担；

⑥不可抗力解除后复工的，若不能按期竣工，应合理延长工期，发包人要求赶工的，赶工费用应由发包人承担。

10. 提前竣工（赶工补偿）

①压缩的工期天数不得超过定额工期的20%，超过者；招标人应在招标文件中明示增加赶工费用。

②应征得承包人同意。发包人应承担承包人由此增加的提前竣工（赶工补偿）费用。

③发承包双方应在合同中约定提前竣工每日历天应补偿额度，此项费用作为增加合同价款列入竣工结算文件中，应与结算款一并支付。

11. 误期赔偿

①承包人未按照合同约定施工，导致实际进度迟于计划进度的，承包人应加快进度，实现合同工期。即使承包人支付误期赔偿费，也不能免除承包人按照合同约定应承担的任何责任和应履行的任何义务。

②发承包双方应在合同中约定误期赔偿费，明确每日历天应赔额度。误期赔偿费列入竣工结算文件中，并在结算款中扣除。

③在工程竣工之前，合同工程内的某单项（位）工程已通过了竣工验收，且该单项（位）工程接收证书中表明的竣工日期并未延误，而是合同工程的其他部分产生了工期延误的，误期赔偿费应按照已颁发工程接收证书的单项（位）工程造价占合同价款的比例幅度予以扣减。

12. 暂列金额

已签约合同价中的暂列金额应由发包人掌握使用。发包人按照合同的规定做出支付后，如有剩余，暂列金额余额归发包人所有。

四、现场签证

现场签证是指发包人现场代表（或其授权的监理人、工程造价咨询人）与承包人现场代表就施工过程中涉及的责任事件所做的签认证明。

（一）现场签证的范围

现场签证的范围一般包括：①适用于施工合同范围以外零星工程的确认；②在施工过程中发生变更后需要现场确认的工程量；③非施工单位原因导致的人工、设备窝工及有关损失；④符合施工合同规定的非施工单位原因引起的工程量或费用的增减；⑤确认修改施工方案引起的工程量或费用增减；⑥工程变更导致的工程施工措施费增减等。

（二）现场签证的程序

①承包人应发包人要求完成合同以外的零星项目、非承包人责任事件等工作的，发包人应及时以书面形式向承包人发出指令，提供所需的相关资料。承包人在收到指令后，应及时向发包人提出现场签证要求。

②承包人应在收到发包人指令后的 7 天内向发包人提交现场签证报告，发包人应在收到现场签证报告后的 48 小时内对报告内容予以核实，予以确认或提出修改意见。发包人在收到承包人现场签证报告后的 48 小时内未确认也未提出修改意见的，视为承包人提交的现场签证报告已被发包人认可。

③现场签证的工作如已有相应的计日工单价，则现场签证中应列明完成该类项目所需的人工、材料、工程设备及施工机械台班的数量；如现场签证的工作没有相应的计日工单价，应在现场签证报告中列明完成该签证工作所需的人工、材料、工程、设备和施工机械台班的数量及其单价。

④合同工程发生现场签证事项，未经发包人签证确认，承包人便擅自施工的，除非征得发包人书面同意，否则发生的费用由承包人承担。

⑤现场签证工作完成后的 7 天内，承包人应按照现场签证内容计算价款，报送发包人确认后，作为增加合同价款，与进度款同期支付。

⑥承包人在施工过程中，若发现合同工程内容因场地条件、地质水文、发包人要求等不一致时，应提供所需的相关资料，提交发包人签证认可，作为合同价款调整的依据。

（三）现场签证费用的计算

现场签证费用的计价方式包括两种：第一种是完成合同范围以外的零星工作时，按计日工单价计算；第二种是完成其他非承包人责任引起的事件，应按合同中的约定计算。

五、合同价款期中支付

（一）合同价款的主要结算方式

合同价款的结算，是指发包人在工程实施过程中，依据合同中相关付款条款的规定和已完成的工程量，按照规定的程序向承包人支付合同价款的一项经济活动。合同价款的结算主要有以下四种方式：

①按月结算。即先预付部分工程款，在施工过程中按月结算工程进度款，竣工后进行竣工清算，单价合同常采用这种方法。

②分段结算。即按照工程的形象进度，划分不同阶段进行结算。分段结算可以按月预支工程款。

③竣工后一次结算。建设项目或单项工程全部建筑安装工程建设期在12个月以内或者工程承包合同价值在100万元以下的，可以实行开工前预付一定的预付款或加上工程款每月预支，竣工后一次结算的方式。

④结算双方约定的其他结算方式。

（二）预付款的支付与抵扣

1. 预付款的支付

预付款（即“预付备料款”）是发包人为帮助承包人解决施工准备阶段的资金周转问题而提前支付的一笔款项，用于承包人为合同工程施工购置材料、机械设备、修建临时设施及施工队伍进场等。

①额度：包工包料工程的预付款的支付比例不得低于签约合同价（扣除暂列金额）的10%，不宜高于签约合同价（扣除暂列金额）的30%。

②支付时间：承包人应在签订合同或向发包人提供与预付款等额的预付款保函（如有）后向发包人提交预付款支付申请。发包人应在收到支付申请的7天内进行核实后向承包人发出预付款支付证书，并在签发支付证书后的7天内向承包人支付预付款。

2. 预付款的抵扣

发包人拨付给承包人的工程预付款属于预支的性质。预付款应从每一个支付期应支付给承包人的工程进度款中扣回，直到扣回的金额达到合同约定的预付款金额为止。发包人应在预付款扣完后的14天内将预付款保函退还给承包人。

预付的工程款必须在合同中约定扣回方式，常用的扣回方式有以下两种：

①在承包人完成金额累计达到合同总价一定比例（双方合同约定）后，采用等比率或等额扣款的方式分期抵扣。

②从未完施工工程尚需的主要材料及构件的价值相当于工程预付款数额时起扣，从每次中间结算工程价款中，按材料及构件比重抵扣工程预付款，至竣工之前全部扣清。

（三）进度款的支付

发承包双方应按合同约定的时间、程序和方法，根据工程计量结果，办理期中价款结算，支付进度款。进度款的支付比例按照合同约定，按期中结算价款总额计，不低于60%，不高于90%。

1. 承包人支付申请的内容

承包人应在每个计量周期到期后的7天内向发包人提交已完工程进度款支付申请，一式四份，详细说明此周期认为有权得到的款额，包括分包人已完工程的价款。支付申请的内容包括：①累计已完成的合同价款；②累计已实际支付的合同价款；③本周期合计完成的合同价款；④本周期合计应扣减的金额；⑤本周期实际应支付的合同价款。

2. 发包人支付进度款

发包人应在收到承包人进度款支付申请后的14天内，根据计量结果和合同约定对申请内容予以核实，确认后向承包人出具进度款支付证书。若发承包双方对部分清单项目的计量结果提出争议，发包人应对无争议部分的工程计量结果向承包人出具进度款支付证书。发包人应在签发进度款支付证书后的14天内，按照支付证书列明的金额向承包人支付进度款。若发包人逾期未签发进度款支付证书，则视为承包人提交的进度款支付申请已被发包人认可，承包人可向发包人发出催告付款的通知。发包人应在收到通知后的14天内，按照承包人支付申请的金额向承包人支付进度款。发包人未按规定支付进度款的，承包人可催告发包人支付，并有权获得延迟支付的利息；发包人在付款期满后的7天内仍未支付的，承包人可在付款期满后的第8天起暂停施工。发包人应承担由此增加的费用和（或）延误的工期，向承包人支付合理利润，并承担违约责任。

（四）安全文明施工费

①发包人应在工程开工后的28天内预付不低于当年施工进度计划的安全文明施工费总额的60%，其余部分按照提前安排的原则进行分解，并与进度款同期支付。

②发包人没有按时支付安全文明施工费的，承包人可催告发包人支付；发包人在付款期满后的7天内仍未支付的，若发生安全事故，发包人应承担连带责任。

③承包人对安全文明施工费应专款专用，在财务账目中单独列项备查，不得挪作他用，否则发包人有权要求其限期改正；逾期未改正的，造成的损失和（或）延误的工期由

承包人承担。

六、竣工结算与支付

（一）竣工结算编制与复核

1. 编制和复核的依据

工程竣工结算应根据下列依据编制和复核：①计价规范；②工程合同；③发承包双方实施过程中已确认的工程量及其结算的合同价款；④发承包双方实施过程中已确认调整后追加（减）的合同价款；⑤建设工程设计文件及相关资料；⑥投标文件；⑦其他依据。

2. 竣工结算的计价原则

①分部分项工程和措施项目中的单价项目应依据发承包双方确认的工程量与已标价工程量清单的综合单价计算；发生调整的，应以发承包双方确认调整的综合单价计算。

②措施项目中的总价项目应依据已标价工程量清单的项目和金额计算；如发生调整的，以发承包双方确认调整的金额计算，其中安全文明施工费应按国家或省级、行业建设主管部门的规定计算。

③其他项目应按相关规定计价，总承包服务费应依据已标价工程量清单金额计算，发生调整的，应以发承包双方确认调整的金额计算。

④规费和税金按国家或省级、建设主管部门的规定计算。规费中的工程排污费应按工程所在地环境保护部门规定标准缴纳后按实列入。

⑤合同实施过程中已确认的工程计量结果和合同价款，在竣工结算办理时应直接进入结算。

（二）竣工结算的程序

1. 承包人提交竣工结算文件

合同工程完工后，承包人汇总编制完成竣工结算文件，并在提交竣工验收申请的同时向发包人提交竣工结算文件。

承包人未在合同约定的时间内提交竣工结算文件，经发包人催告后 14 天内仍未提交或没有明确答复的，发包人有权根据已有资料编制竣工结算文件，作为办理竣工结算和支付结算款的依据，承包人应予以认可。

2. 发包人核对竣工结算文件

①发包人应在收到承包人提交的竣工结算文件后的 28 天内核对。发包人经核实，认为承包人还应进一步补充资料和修改结算文件，应在上述时限内向承包人提出核实意见，

承包人在收到核实意见后的28天内按照发包人提出的合理要求补充资料，修改竣工结算文件，并再次提交给发包人复核后批准。

②发包人应在收到承包人再次提交的竣工结算文件后的28天内予以复核，将复核结果通知承包人。发包人、承包人对复核结果无异议的，应在7天内在竣工结算文件上签字确认，竣工结算办理完毕。

③发包人在收到承包人竣工结算文件后的28天内，不核对竣工结算或未提出核对意见的，应视为承包人提交的竣工结算文件已被发包人认可，竣工结算办理完毕。

④承包人在收到发包人提出的核实意见后的28天内，不确认也未提出异议的，应视为发包人提出的核实意见已被承包人认可，竣工结算办理完毕。

⑤发包人委托工程造价咨询人核对竣工结算的，工程造价咨询人应在28天内核对完毕，核对结论与承包人竣工结算文件不一致的，应提交给承包人复核，承包人应在14天内将同意核对结论或不同意见的说明提交工程造价咨询人。工程造价咨询人收到承包人提出的异议后，应再次复核，复核无异议的，应在7天内在竣工结算文件上签字确认，竣工结算办理完毕。

3. 竣工结算文件的签认

对发包人或发包人委托的工程造价咨询人指派的专业人员与承包人指派的专业人员经核对后无异议并签名确认的竣工结算文件，除非发承包人能提出具体、详细的不同意见，否则发承包人都应在竣工结算文件上签名确认。

合同工程竣工结算核对完成，发承包双方签字确认后，发包人不得要求承包人与另一个或多个工程造价咨询人重复核对竣工结算。

（三）竣工结算款支付

1. 承包人提交竣工结算款支付申请

申请应包括下列内容：①竣工结算合同价款总额；②累计已实际支付的合同价款；③应扣留的质量保证金；④实际应支付的竣工结算款金额。

2. 支付竣工结算款

发包人签发竣工结算支付证书后的14天内，应按照竣工结算支付证书列明的金额向承包人支付结算款。

发包人在收到承包人提交的竣工结算款支付申请后7天内不予核实，不向承包人签发竣工结算支付证书的，视为承包人的竣工结算款支付申请已被发包人认可；发包人应在收到承包人提交的竣工结算款支付申请7天后的14天内，按照承包人提交的竣工结算款支付申请列明的金额向承包人支付结算款。

发包人在竣工结算支付证书签发后或者在收到承包人提交的竣工结算款支付申请 7 天后的 56 天内仍未支付的，除法律另有规定外，承包人可与发包人协商将该工程折价，也可直接向人民法院申请将该工程依法拍卖。承包人就该工程折价或拍卖的价款优先受偿。

（四）质量保证金

①发包人应按照合同约定的质量保证金比例从结算款中扣留质量保证金。

②承包人未按照合同约定履行属于自身责任的工程缺陷修复的义务的，发包人有权从质量保证金中扣除用于缺陷修复的各项支出。经查验，工程缺陷属于发包人原因造成的，应由发包人承担查验和缺陷修复的费用。

③在合同约定的缺陷责任期终止后的 14 天内，发包人应将剩余的质量保证金返还给承包人。剩余质量保证金的返还，并不能免除承包人按照合同约定应承担的质量保修责任和应履行的质量保修义务。

（五）最终结清

①缺陷责任期终止后，承包人应按照合同约定向发包人提交最终结清支付申请。

②发包人应在收到最终结清支付申请后的 14 天内予以核实，并向承包人签发最终结清支付证书。

③发包人应在签发最终结清支付证书后的 14 天内，按照最终结清支付证书列明的金额向承包人支付最终结清款。

④发包人未在约定的时间内核实，又未提出具体意见的，应视为承包人提交的最终结清支付申请已被发包人认可。

⑤发包人未按期最终结清支付的，承包人可催促发包人支付，并有权获得延迟支付的利息。

⑥最终结清时，如果承包人被扣留的质量保证金不足以抵减发包人工程缺陷修复费用的，承包人应承担不足部分的补偿责任。

⑦承包人对发包人支付的最终结清款有异议的，按照合同约定的争议解决方式处理。

第四节 施工成本管理与控制分析

一、施工成本管理的任务

施工成本是指在建设工程项目的施工过程中所发生的全部生产费用的总和。成本管理责任体系包括法人层和项目经理部。法人层贯穿于项目投标、实施和结算过程中体现效益中心的管理职能；项目经理部则着眼于执行组织确定的施工成本管理目标，发挥现场生产成本控制中心的管理职能。

施工成本管理的任务主要包括：①施工成本预测；②施工成本计划；③施工成本控制；④施工成本核算；⑤施工成本分析；⑥施工成本考核。

（一）施工成本预测

施工成本预测就是根据成本信息和施工项目的具体情况，运用一定的专门方法，对未来的成本水平及其可能发展趋势做出科学的估计，预测出工程的单位成本或总成本，是在工程施工以前对成本进行的估算，是施工项目成本决策与计划的依据。

（二）施工成本计划

施工成本计划是以货币形式编制施工项目在计划期内的生产费用、成本水平、成本降低率及为降低成本所采取的主要措施和规划的书面方案，是建立施工项目成本管理责任制、开展成本控制和核算的基础，降低成本的指导文件，也是设立目标成本的依据。

施工成本计划的指标应经过科学的分析预测确定，可以采用对比法、因素分析法等进行测定。施工成本计划一般有以下三类指标：

①成本计划的数量指标，如：按子项汇总的工程项目计划总成本指标；按分部汇总的各单位工程（或子项目）计划成本指标；按人工、材料、机械等各主要生产要素计划成本指标。

②成本计划的质量指标，如施工项目总成本降低率，可采用：

设计预算成本计划降低率=设计预算总成本计划降低额/设计预算总成本

责任目标成本计划降低率=责任目标总成本计划降低额/责任目标总成本

③成本计划的效益指标，如工程项目成本降低额，可采用：

设计预算成本计划降低额=设计预算总成本-计划总成本

责任目标成本计划降低额=责任目标总成本-计划总成本

（三）施工成本控制

施工成本控制应贯穿于项目从投标阶段开始直至竣工验收的全过程，它是企业全面成本管理的重要环节。施工成本控制可分为事先控制、事中控制（过程控制）和事后控制。合同文件和成本计划是成本控制的目标，进度报告和工程变更与索赔资料是成本控制过程中的动态资料。成本控制的程序体现了动态跟踪控制的原理。成本控制报告可单独编制，也可以根据需要与进度、质量、安全和其他进展报告结合，提出综合进展报告。

（四）施工成本核算

施工成本核算包括两个基本环节：①按照规定的成本开支范围对施工费用进行归集和分配，计算出施工费用的实际发生额；②根据成本核算对象，采用适当的方法，计算出该施工项目的总成本和单位成本。

施工成本一般以单位工程为成本核算对象，但也可灵活划分成本核算对象。项目管理必须实行施工成本核算制，它和项目经理责任制等共同构成了项目管理的运行机制。项目经理部要实施全过程的成本核算，具体可分为定期的成本核算和竣工工程成本核算。定期的成本核算是竣工工程全面成本核算的基础。

形象进度、产值统计、实际成本归集“三同步”，即三者的取值范围应是一致的。形象进度表达的工程量、统计施工产值的工程量和实际成本归集所依据的工程量应是相同的数值。

对竣工工程的成本核算，应分为竣工工程现场成本和竣工工程完全成本，分别由项目经理部和企业财务部门进行核算分析，其目的在于分别考核项目管理绩效和企业经营效益。

（五）施工成本分析

施工成本分析是在施工成本核算的基础上，对成本的形成过程和影响成本升降的因素进行分析，以寻求进一步降低成本的途径，包括有利偏差的挖掘和不利偏差的纠正。主要利用施工项目的成本核算资料（成本信息），与目标成本、预算成本及类似的施工项目的实际成本等进行比较。成本偏差的控制，分析是关键，纠偏是核心，要针对分析得出的偏差发生原因，采取措施加以纠正。

（六）施工成本考核

按施工项目成本目标责任制的有关规定，将成本的实际指标与计划、定额、预算进行对比和考核。以施工成本降低额和施工成本降低率作为成本考核的主要指标。成本考核也可分别考核组织管理层和项目经理部。

成本预测是成本决策的前提，成本计划是成本决策所确定目标的具体化。成本计划控制是对成本计划的实施进行控制和监督，保证决策的成本目标的实现。而成本核算又是对成本计划是否实现的最后检验，它所提供的成本信息为下一个施工项目成本预测和决策提供基础资料。成本考核是实现成本目标责任制的保证和实现决策目标的重要手段。

二、施工成本管理的措施

施工成本管理的基础工作是多方面的，为了取得施工成本管理的理想成效，应当从多方面采取措施实施管理，通常可以将这些措施归纳为组织措施、技术措施、经济措施、合同措施。

三、施工成本计划的类型

对于一个施工项目而言，成本计划的编制是一个不断深化的过程。在这一过程的不同阶段形成深度和作用不同的成本计划，按其作用可分为三类，即竞争性成本计划、指导性成本计划、实施性计划成本。

①竞争性成本计划，是施工项目投标及签订合同阶段的估算成本计划。在投标报价过程中，虽也着力考虑降低成本的途径和措施，但总体上较为粗略。

②指导性成本计划，即选派项目经理阶段的预算成本计划，是项目经理的责任成本目标。它是以合同标书为依据，按照企业的预算定额标准制订的设计预算成本计划，一般情况下只是确定责任总成本指标。

③实施性计划成本，即项目施工准备阶段的施工预算成本计划，它以项目实施方案为依据，落实项目经理责任目标为出发点，采用企业的施工定额，通过施工预算的编制而形成的实施性施工成本计划。

以上三类成本计划互相衔接和不断深化，构成了整个工程施工成本的计划过程。其中，竞争性计划成本带有成本战略的性质，是项目投标阶段商务标书的基础，它奠定了施工成本的基本框架和水平。指导性计划成本和实施性计划成本都是战略性成本计划的进一步展开和深化，是对战略性成本计划的战术安排。

四、施工成本计划的编制依据

施工成本计划是施工项目成本控制的一个重要环节，是实现降低施工成本任务的指导性文件。若针对施工项目所编制的成本计划达不到目标成本要求时，就必须组织施工项目管理班子的有关人员重新研究寻找降低成本的途径，重新进行编制。

施工成本计划的编制依据包括：①投标报价文件；②企业定额、施工预算；③施工组织设计或施工方案；④人工、材料、机械台班的市场价；⑤企业颁布的材料指导价、企业内部机械台班价格、劳动力内部挂牌价格；⑥周转设备内部租赁价格、摊销损耗标准；⑦已签订的工程合同、分包合同（或估价书）；⑧结构件外加工计划和合同；⑨有关财务成本核算制度和财务历史资料；⑩施工成本预测资料；⑪拟采取的降低施工成本的措施；⑫其他相关资料。

五、施工成本计划的编制方法

施工成本计划的编制以成本预测为基础，其关键是确定目标成本。一般情况下，施工成本计划总额应控制在目标成本的范围内，并使成本计划建立在切实可行的基础上。

施工总成本目标确定后，还须编制详细的实施性施工成本计划将目标成本层层分解，落实到施工过程的每个环节，以便有效地进行成本控制。施工成本计划的编制方式有：①按施工成本组成编制施工成本计划；②按项目组成编制施工成本计划；③按工程进度编制施工成本计划。

（一）按施工成本组成编制施工成本计划的方法

施工成本计划可以按施工成本组成（人工费、材料费、施工机械使用费、企业管理费等）来编制。

（二）按项目组成编制施工成本计划的方法

大中型工程项目通常是由若干单项工程构成的，每个单项工程又包括了多个单位工程，每个单位工程是由若干个分部分项工程所构成。因此，首先要把项目总施工成本分解到单项工程和单位工程中，再进一步分解为分部工程和分项工程。

在编制成本支出计划时，既考虑项目总的预备费，也要在主要的分项工程时安排适当的不可预见费。

（三）按工程进度编制施工成本计划的方法

按工程进度编制的施工成本计划，可利用控制项目进度的网络图进一步扩充而得。在实践中，如果项目分解程度对时间控制合适的话，则对施工成本支出计划可能分解过细。因此在编制网络计划时，应在充分考虑进度控制对项目划分要求，还应考虑确定施工成本支出计划对项目划分的要求，做到二者兼顾。

在网络计划的基础上编制施工成本计划的表示方式有两种：一种是在时标网络图上按月编制的成本计划；另一种是利用时间——成本曲线（S 形曲线）表示。

其中，S 形曲线（成本计划值曲线）必然包含在由全部工作都按最早开始时间开始和全部工作都按最迟必须开始时间开始的曲线所组成的“香蕉图”内。项目经理通过调整非关键路线上的工序项目的最晚或最迟开工时间，力争将实际的成本支出控制在计划的范围内。一般而言，所有工作都按最迟开始时间开始，有利于节约资金贷款利息，但同时也降低了项目按期竣工的保证率。

在实践中，往往是将这几种编制施工成本计划的方式结合起来使用，从而取得扬长避短的效果。

六、施工成本控制与施工成本分析

（一）施工成本控制的依据

施工成本控制的依据包括：工程承包合同、施工成本计划、进度报告、工程变更和施工组织设计、分包合同等有关文件资料。其中，施工成本控制要以工程承包合同为依据，围绕降低工程成本这个目标，从预算收入和实际成本两个方面，努力挖掘增收节支潜力，以求获得最大的经济效益。施工成本计划是根据施工项目的具体情况制订的施工成本控制方案，是施工成本控制的指导文件。

（二）施工成本控制的步骤

在确定了施工成本计划之后，必须定期地进行施工成本计划值与实际值的比较，当实际值偏离计划值时，分析产生偏差的原因，采取适当的纠偏措施，以确保施工成本控制目标的实现。其步骤如下（简记为："比→分→预→纠→检"。注意其先后顺序）：

①比较。按照某种确定的方式将施工成本计划值与实际值逐项进行比较，以发现施工成本是否已超支。

②分析。对比较的结果进行分析，以确定偏差的严重性及偏差产生的原因。

③预测。按照完成情况估计完成项目所需的总费用。

④纠偏。当工程项目的实际施工成本出现了偏差，应根据工程的具体情况采取适当的措施，以达到使施工成本偏差尽可能小的目的。通过纠偏最终达到有效控制施工成本的目的。

对偏差产生的原因进行分析的目的是有针对性地采取纠偏措施，从而实现成本的动态控制和主动控制。纠偏首先要确定纠偏的主要对象，在确定了纠偏的主要对象之后，就需要采取有针对性的纠偏措施。

⑤检查。对工程的进展进行跟踪和检查，以便了解工程进展状况及纠偏措施的执行情况和效果，为今后的工作积累经验。

第六章　施工进度管理

施工项目经理部根据合同规定的工期要求编制施工进度计划，并以此作为管理的目标，对施工的全过程经常进行检查，对比，分析，及时发现实施中的偏差，并采取有效措施，调整工程建设施工进度计划，排除干扰，保证工期目标实现的全部活动。

第一节　项目进度控制的目标与任务

一、项目进度管理的含义及主要任务

（一）含义

工程项目进度管理是在工程项目建设过程中，为了在合同约定的工期内完成工程项目建设任务而开展的全部管理活动的总称。它包括进度计划的编制、进度计划的跟踪与检查、进度控制措施的制定、进度计划的调整等一系列工作。

项目进度管理包含以下六个方面的含义：

①工程项目进度管理是对工程项目建设全过程的管理；

②工程项目进度管理是对所有工程内容的管理；

③工程项目进度管理是对工程项目建设所有工作的管理；

④工程项目进度管理是对影响进度因素的管理；

⑤工程项目进度管理是一个动态的管理过程；

⑥工程项目进度管理应与其他管理工作（如：质量、成本管理等）相协调。

（二）主要任务

项目进度管理的主要任务包括以下五个方面：

①建立专门的工程项目进度管理组织，负责工程项目进度管理工作；

②制定、完善工程项目进度管理制度；

③编制工程实施进度计划，保证工程建设进度目标的实现；

④工程项目建设的进度控制，经常检查实际进度是否符合工程实施进度计划的要求；

⑤工程项目进度管理的工作总结，为今后的工程项目进度管理工作积累经验，不断提高工程项目管理团队的管理水平。

二、项目进度管理的程序

组织应建立项目进度管理制度，明确进度管理程序，规定进度管理职责及工作要求。项目进度管理应遵循的程序为：编制进度计划—进度计划交底，落实管理责任—实施进度计划—进行进度控制和变更管理。

（一）进度计划

项目进度计划编制依据应包括下列主要内容：

①合同文件和相关要求；

②项目管理规划文件；

③资源条件、内部与外部约束条件。

组织应提出项目控制性进度计划。项目管理机构应根据组织的控制性进度计划，编制项目的作业性进度计划。各类进度计划应包括编制说明、进度安排、资源需求计划、进度保证措施。

项目进度计划应按有关规定经批准后实施。项目进度计划实施前，应由负责人向执行者交底、落实进度责任；进度计划执行者应制订实施计划的措施。

（二）进度控制

项目进度控制应遵循下列步骤：

①熟悉进度计划的目标、顺序、步骤、数量、时间和技术要求；

②实施跟踪检查，进行数据记录与统计；

③将实际数据与计划目标对照，分析计划执行情况；

④采取纠偏措施，确保各项计划目标实现。

项目管理机构应按规定的统计周期，检查进度计划并保存相关记录。进度计划检查后，项目管理机构应编制进度管理报告并向相关方发布。

建设工程项目各参与方的进度控制任务均不同。对于业主而言，其任务主要是控制整个项目实施阶段的进度；对于施工方而言，其任务主要是根据施工任务委托合同进行施工工作进度的控制；对于设计方而言，其任务主要是根据设计任务委托合同进行设计工作进度的控制；对于供货方而言，其任务主要是根据供货合同进行供货工作进度的控制。

（三）进度变更管理

项目管理机构应根据进度管理报告提供的信息，纠正进度计划执行中的偏差，对进度计划进行变更调整。当采取措施后仍不能实现原目标时，项目管理机构应变更进度计划，并报原计划审批部门批准。

进度计划变更可包括下列内容：

①工程量或工作量；

②工作的起止时间；

③工作关系；

④资源供应。

项目管理机构进度计划的变更控制应符合下列规定：

①调整相关资源供应计划，并与相关方进行沟通；

②变更计划的实施应与组织管理规定及相关合同要求一致。

三、总进度目标

总进度目标指的是整个建设工程项目的进度目标。

总进度目标的控制责任者是业主方（建设项目总承包模式——建设项目总承包方协助业主方）。

总进度目标控制前，分析、论证目标不能实现的，应提出调整建议，请决策者审议。

项目总进度的内容，按项目时间阶段进行划分：

①设计前准备阶段的工作进度；

②设计阶段的工作进度；

③招标阶段的工作进度；

④施工前准备阶段的工作进度；

⑤施工、设备安装阶段的工作进度；

⑥物资采购阶段的工作进度；

⑦动用前准备阶段的工作进度。

项目总进度的划分阶段应与实施阶段的五小阶段进行区分，无保修阶段。

项目总进度纲要的主要内容：

①项目实施总体部署；

②项目总进度规划；

③项目各子系统进度规划；

④里程碑事件计划进度目标的确定；

⑤实现总进度目标的条件和措施。

项目总进度纲要的主要内容可概括为“3 总+1 子+1 里程碑”，主要是整个项目进度原则性规定，不包括设计、施工具体工作安排。

四、进度计划系统

进度计划系统是一个逐步形成的过程，是进度控制的依据。项目进度计划系统的建立和完善是逐步形成的过程，而不是在某阶段前必须形成的。业主方和项目各参与方可根据需要和用途编制多个不同的进度计划系统。代表不同方利益的进度控制任务，其目标和时间范畴不同。

第二节　施工进度计划的类型及其作用

一、建设工程项目施工进度计划按功能不同进行划分

（一）控制性施工进度计划

控制性施工进度计划是整个项目施工进度控制的纲领性文件。控制性施工进度计划作为进度控制的依据，主要是通过编制进度计划，对施工合同中约定的施工进度目标进行再论证，然后分解进度目标，确定施工的总体部署，并确定施工控制节点的进度目标（或里程碑事件的进度目标），从而实现施工进度目标。控制性施工进度计划的类型和作用。

（二）指导性施工进度计划

指导性施工进度计划与控制性施工进度计划的界限不是很明确。两种施工进度计划中，一般大型、特大型建设工程项目会编制控制性施工进度计划和指导性施工进度计划；小型建设工程项目一般只编制控制性施工进度计划。

（三）实施性施工进度计划

实施性施工进度计划属于具体施工组织作业文件，用于直接组织施工作业。

类型：月度（旬）进度计划+分部分项工程进度计划。

作用：明确施工作业的具体安排，并确定相应时间段内人、材、机的数量及费用。

二、施工质量管理与施工质量控制

施工企业需要通过建立并实施从工程项目管理策划至保修（包括变更）管理的制度，对工程项目施工的质量管理活动加以规范，有效控制工程质量和服务质量。项目部的基本职能是实施项目施工管理，施工企业其他各管理层次则负有指导、监督项目部的职能，确

保工程和服务质量满足要求。施工企业须在相关制度中明确各管理层次在工程项目质量管理方面的职责和权限。

最高管理者应证实其对质量管理体系的领导作用和承诺，确保质量管理体系适应市场竞争和企业发展的需要，其管理职责应包括下列内容：

①组织质量管理体系策划；

②组织制定、批准质量方针和目标；

③确保质量管理体系要求融入企业的业务过程；

④促进使用过程方法和基于风险的思维；

⑤建立质量管理的组织机构；

⑥提升员工的质量意识和能力；

⑦确定和配备质量管理所需的资源；

⑧支持其他管理者履行其相关领域的职责；

⑨实施、评价并改进质量管理体系；

⑩确保实现质量管理体系的预期结果。

施工企业可在最高管理层中设置管理者代表。管理者代表由最高管理者指定，其管理职责应包括下列内容：

①应协助最高管理者实现其职责；

②应协调质量管理体系的相关活动；

③应向最高管理者报告质量管理体系的绩效和改进的需求；

④应落实质量管理体系与外部联系的有关事宜。

三、风险处理

风险处理的目的是开发选项并确定行动，以增加机遇并减少对项目目标的威胁。该过程通过在预算和时间表中插入资源和活动来解决风险。

（一）风险规避

当工程项目风险潜在威胁发生可能性太大，不利后果也很严重，且无其他策略可以采用时，主动放弃项目或改变项目目标与行动方案，从而规避风险的策略。如：承包方投标某一项目时，通过风险评价发现中标的可能性比较小，且即使中标，也会存在亏损的风险，则承包方应该放弃投标，规避亏本的风险。

（二）风险减轻

降低风险发生的可能性或减少后果的不利影响。对于已知的风险，项目管理者可以在很大程度上进行控制。如发现工程进度发生滞后的风险，可以采用压缩关键线路上工作的持续时间，改变工作间的逻辑关系等措施来减轻工程项目的风险。对于可预测或不可预测的风险，项目管理者一般难以控制，必须进行深入细致的调查研究，才能减少风险的不确定性及潜在的损失。

（三）风险转移

借用合同等手段，在风险一旦发生时可以将损失的一部分转移到第三方身上。采用风险转移策略时，必须让承担风险者得到相应的回报，对于具体的风险，谁最有管理能力就转移给谁。转移工程项目风险常见的方式包括分包、保险和担保：

①分包。即承包单位将其所承包工程的一部分发包出去，通过签订分包合同将项目风险转移给其他人。如：某承包单位承包某堤防加固工程，该工程包含护坡、堤身加高（宽）和防渗灌浆，但该承包单位对防渗灌浆施工并不擅长，对工程质量和成本控制有较大的风险。则该承包单位可以将防渗灌浆施工分包给有经验的施工队伍，从而将风险转移。

②保险。通过购买保险，建设单位或承包单位作为投保人将本应由自己承担的项目风险转移给保险公司。但是由于存在不可保风险或者有些风险不宜保险，所以保险并不能将工程项目的所有风险进行转移。

③担保。即为他人的债务、违约或失误负间接责任的一种承诺。在工程项目管理中，一般指银行、保险公司或其他非银行金融机构为项目风险负间接责任的一种承诺。

（四）风险分担

项目管理者将项目风险保留在风险管理主体内部，即项目管理者把风险事件的不利后果自愿分担下来。接受风险分为主动分担风险和被动分担风险：

①主动分担风险。在风险管理计划阶段对一些风险已经进行了准备，若风险事件发生时，可以立即采用应急计划。如：在水电工程施工导流设计中，对于可能出现超标准洪水一般会有对策措施，若出现超标准洪水，就可以立即采取相应措施消除风险。

②被动分担风险。当风险事件发生时造成的后果不大，不会影响大局时，项目管理者会列出相应费用来应对此项风险。如材料涨价的风险，一般项目会准备相应费用进行应对。

（五）风险补救战略

补救计划假设风险已经发生。风险发生后的情况可能已被预见到，也可能未被预见。在已预见到的情况下，如果事先已经制定和设立，补救战略通常更易于实现。如果确认需要补救战略，设置用于风险发生情况的应急资金就可能是适宜的。当预设情形出现时，将启动补救战略。该种情形可根据成本、日程安排、运行状况或其他准则等因素预设。

四、风险控制

控制风险的目的是通过确定是否执行了风险应对措施及它们是否具有预期效果以最大限度地减小对项目的干扰。

控制风险可通过下列措施实现：跟踪识别的风险，识别和分析新的风险，监测应急计划的触发条件和审查风险处理的进展情况，同时对其有效性进行评价。

当出现新的风险时或当达到一个里程碑时，宜在整个项目生命周期中定期进行项目风险评价。

第三节　施工进度计划的编制方法

编制进度计划时应先进行排序活动和对活动持续时间进行确定，然后再编制进度计划。项目内的所有活动都宜具有相关性，以提供一张可以确定关键路径的网络图。活动宜按照逻辑顺序进行安排，具有适当的优先级关系和合适的提前、滞后、制约因素、相互依存关系和外部依赖关系，以有助于制定一份现实和可实现的项目进度。活动持续时间是可用资源数量和类型、活动之间关系、能力、规划日程表、学习曲线及管理处理等主题一个功能，最常表示时间制约因素与资源可用性之间的权衡。

一、横道图

横道图（又称甘特图）是以横向线条结合时间坐标表示各项工作施工的起始点和先后顺序的，整个计划由一系列的横道组成。横道图是一种最简单并运用最广的比较传统的计划方法，目前在建设工程领域中，横道图的应用还是非常普遍。

（一）横道图的编制程序

横道图的编制程序如下：

①将构成整个工程的全部分项工程纵向排列并填入表中；

②横轴表示可能需要的工期；

③分别计算所有分项工程施工所需要的时间；

④如果在工期内完成整个工程，则将第 3 步所计算出来的各分项工程所需工期安排在图表上，编排出日程表。

（二）横道图的特点

横道图的特点如下：

①最简单并运用最广，可直接用于一些简单的、小规模的项目；

②可以将工作的简要说明放在横道上；

③可用于项目初期计划。

（三）横道图的优缺点

优点：

①表达较直观、简单、易懂；

②制作简单，使用方便，各个层次的人员均可掌握并运用；

③能清楚地表示工程施工的开始时间、持续时间和结束时间；

④不仅可以表示进度计划，还可以与劳动力计划、物资计划、资金计划等结合使用。

缺点：

①不易表达清楚工作间的逻辑关系；

②所表达的信息地较少，不能反映工作的机动时间，也不宜确定关键线路、关键工作；

③由于需要手工进行编制、调整，对于较大的进度计划较难实现；

④不能用计算机处理。

二、双代号网络计划

（一）双代号网络计划的基本概念

在双代号网络图中，工作用一根箭线及其两端节点的编号来表示。工作的名称写在箭线的上面，完成工作所需要的时间写在箭线的下面，箭尾表示工作开始，箭头表示工作结束。圆圈中的两个号码用来代表这项工作的开始和完成。

（二）双代号网络图的组成要素

双代号网络图是以箭线及其两端节点的编号表示工作的网络图。

1. 箭线

箭线指网络图中一端带箭头的实线或虚线，包括实箭线和虚箭线，箭线应画成水平直线、垂直直线或折线，水平直线投影的方向应自左向右。

（1）实箭线

代表实工作，既占用时间，多数又消耗资源。

（2）虚箭线

代表虚工作，既不占用时间，又不消耗资源。虚箭线是表示一项不存在的虚设工作，正确表达工作之间的逻辑关系，其作用是表达工作之间的联系、区分和断路。

虚工作的作用：

①联系作用，即应用虚工作正确表达工作之间的工艺联系和组织联系的作用。

②区分作用，即双代号网络图中应用两个代号表示一项工作，若两项工作用同一代号就应用虚工作加以区分。

③断路作用，即当双代号网络图中中间节点有逻辑错误时，应用虚工作断路，从而能正确表达工作间的逻辑关系。

2. 节点

节点是双代号网络图中工作之间的交接之点，用圆圈表示。节点一般表示该节点前一项或若干项工作的结束，同时也表示该节点后一项或者若干项工作的开始。在双代号网络图中节点包含起始节点（一个）、中间节点（很多）、终点节点（一个）三种类型。

3. 网络图的编号

为了便于计算网络图的时间参数和检查调整网络图，在图中每一个节点都应有自己的编号。网络图的编号要在绘制好正确的网络图后方可进行，不要一边绘制网络图一边编号，否则当发现需要增加某些工作（箭线）后又需要重新编号。

网络图节点编号应遵循的两条规则：

①从起始节点到终点节点，编号由小到大，一根箭线的箭头节点的编号必须大于箭尾节点的编号。节点编号的方法可根据节点编号的方向不同分为沿水平方向编号和沿垂直方向编号。

②同一个网络图中所有的节点，不能出现重复的编号。

为了便于在网络图中增减一个或几个工作，同一个网络图中的节点编号无须连续，可每隔一个网络区段留出若干空号，为调整或变动所用。

4. 线路

网络图中从起始节点到终点节点所经过的通路叫作线路。

注意：工作持续时间之和最长者为关键线路，且至少有一条。

关键线路在网络图中也不是一成不变的，当项目在实施过程中采用与计划不同的技术或组织措施，缩短了关键线路上某些工作的持续时间时，关键线路就可能变成非关键线路。

5. 逻辑关系

①工作 A 完成后进行工作 B 和工作 C。

②工作 A、B 均完成后进行工作 C。

③工作 A、B 均完成后同时进行工作 C 和工作 D。

④工作 A 完成后进行工作 C，工作 A、B 均完成后进行工作 D。

⑤工作 A、B 均完成后进行工作 D，工作 A、B、C 均完成后进行工作 E，工作 D、E 均完成后进行工作 F。

⑥A、B、C 三项工作同时开始。

⑦A、B、C 三项工作同时结束。

（三）双代号网络图的绘图规则

①在一个网络图中，只允许有一个起始节点和一个终点节点，其他所有节点均是中间节点。

②在一个网络图中，不允许出现闭合同路（循环回路）。一般网络图中，若有指向左边的箭头，就有可能存在闭合同路；若没有指向左边的箭头，则一定没有循环回路。

③在网络图中不允许出现有双向箭头的箭线或无箭头的线段。网络图是一种有向图，是沿着箭头指引方向前进的。

④网络图中，严禁在箭线上引入或引出箭线。

⑤网络图中，不允许出现编号相同的节点或工作。

（四）双代号网络计划的关键线路

自始至终全部由关键工作组成或者网络图中工期最长的线路为关键线路。关键线路具有以下特点：

①关键线路的线路时间，代表整个网络图的计划总工期，延长关键线路上任何工作的作业时间都会导致整个总工期的延长；

②在同一个网络图中，至少存在一条关键线路；

③缩短某些关键工作的作业时间，都有可能将关键线路转化为非关键线路。

三、双代号时标网络计划

双代号时标网络计划是利用横道图时间坐标和网络计划结合起来应用的一种网络计划方法，即以时间坐标单位为尺度，表示箭线长度的双代号网络计划。双代号时标网络计划简称时标网络计划。

（一）双代号时标网络计划中的相关含义

1. 实箭线

①含义：实工作；

②作用：应水平画，其水平投影长度表示该工作的持续时间。

2. 虚箭线

①含义：虚工作；

②作用：应垂直画，虚工作持续时间为零，其波形线应水平画。

3. 波形线

①含义：工作的自由时差；

②作用：表示工作或线路的机动时间。

4. 关键线路

①含义：逆着箭线方向没有波形线的线路；

②作用：判断关键工作。

（二）双代号时标网络计划的编制

双代号时标网络计划编制的要求如下：

可按最早时间编制，也可按最迟时间编制，一般安排计划宜早不宜迟，因此通常是采用按最早时间编制的方法。

编制双代号时标网络计划之前，应先按已确定的时间单位绘出时标计划表。时标可标注在时标计划表的顶部或底部。时标的长度单位必须注明。可在顶部时标之上或底部时标之下加注日历的对应时间。间接法绘制时标网络计划可按下列步骤进行：

①绘制出无时标网络计划；

②计算各节点的最早时间；

③根据节点最早时间在时标计划表上确定节点的位置；

④按要求连线，某些工作箭线长度不足以达到该工作的完成节点时，用波形线补足。

直接法绘制时标网络计划可按下列步骤进行：

①将起点节点定位在时标计划表的起始刻度线上。

②按工作持续时间在时标计划表上绘制起点节点的外向箭线。

③其他工作的开始节点必须在所有紧前工作都绘出以后，定位在这些紧前工作最早完成时间最大值的时间刻度上；某些工作的箭线长度不足以到达该节点时，用波形线补足；箭头画在波形线与节点连接处。

④从左至右依次确定其他节点位置，直至网络计划终点节点，绘图完成。

（三）双代号时标网络计划的关键工作和关键线路

逆着箭线方向，自始至终不出现波形线的线路即为关键线路。关键线路上的工作即为关键工作。

（四）双代号时标网络计划中的计算工期

网络计划的计算工期应等于终点节点所对应的时标值与起点节点所对应的时标值之差。

（五）双代号时标网络计划的特点

①时标网络计划既是一个网络计划，又是一个水平进度计划，它能表明计划的时间进程，便于网络计划的使用，兼有网络计划与横道图计划的优点。

②直接显示出工期、各项工作的开始与完成时间，工作的自由时差及关键线路。

③时标网络计划便于在图上计算劳动力、材料等资源需用量，并能在图上调整时差，进行网络计划的时间和资源的优化和调整。

④调整时标网络计划的工作比较繁杂。对一般的网络计划，若改变某一工作的持续时间，只须变动箭线上所标注的时间数字就可以，十分简便。但是，时标网络计划使用箭线或线段的长短来表示每一工作的持续时间的，若改变时间就需要改变箭线的长度和位置，这样往往会引起整个网络图的变动。

四、单代号网络计划

单代号网络计划图是以节点及该节点的编号表示工作，以箭线表示工作之间逻辑关系的网络图。单代号网络图中的箭线应画成水平直线、折线或斜线，箭线水平投影的方向应自左向右。在单代号网络图中加注工作的持续时间就形成单代号网络计划。

（一）单代号网络图的绘制

1. 绘图符号

单代号网络计划的表达形式很多、符号也是各种各样。一般用一个圆圈或方框代表一项工作或活动工序，圆圈或方框中的内容根据实际需要来填写和列出。

一般将工作的名称、编号填写在圆圈或方框的上半部分，完成工作所需的时间写在圆圈或方框的下半部分（也有的写在箭线下面），连接两个节点圆圈或方框间的箭线用来表示两项工作间的直接前导（紧前）和后继（紧后）关系。这种只用一个节点（圆圈或方框）代表项工作的表示方法称为单代号表示法。

2. 绘图规则

单代号网络图的绘图规则与双代号网络图基本一致，区别在于单代号网络计划中虚工作不是用虚箭线表示，单代号网络图中没有虚箭线。

3. 绘图步骤

①先计算出各工作的持续时间，列出工作一览表及各工作的紧前、紧后工作名称，根据工程计划中各工作在工艺上、组织上的逻辑关系来确定其直接紧前、紧后工作名称。

②根据上述工作间的逻辑关系，绘制网络图。先绘制草图，然后对一些不必要的交叉进行整理，绘出简化网络图，然后进行编号。在绘制之前，首先给出一个虚设的起始节点，网络图绘制最后要有一个虚设的终点节点。

（二）单代号网络计划的时间参数

1. 关键工作

单代号网络计划中，总时差最小的工作是关键工作。

2. 关键线路

从起始节点开始到终点节点均为关键工作，且所有工作的时间间隔为零的线路为关键线路。

五、网络图中关键工作和关键线路的判定

①关键线路上的工作；

②网络计划中总时差最小的工作；

③工作最迟开始时间与最早开始时间的差值最小的工作；

④工作最迟完成时间与最早完成时间的差值最小的工作；

⑤总持续时间最长的线路；

⑥关键线路的判定单代号网络图中，从头到尾均为关键工作，且相邻工作之间的时间间隔均为零的线路；

⑦双代号时标网络计划中，自始至终无波形线的线路；

⑧由关键节点组成的线路不一定是关键线路。

六、工程进度计划实施中的检查和调整

（一）工程进度计划实施中的检查内容

①各工作工程量的完成情况。

②关键工作的工作时间的执行情况及时差利用情况。

③资源使用及与进度的匹配情况。

④上次检查提出问题的整改情况。

⑤进度计划检查后应按下列内容编制工程进度报告：进度执行情况的综合描述；实际进度与计划进度的对比资料；进度计划的实施问题及原因分析；进度执行情况对质量、安全和成本等的影响情况；采取的措施和对未来进度的预测。

（二）网络计划工期的调整方法

网络计划工期的调整方法可以改变某些工作的逻辑关系，也可以缩短某些工作的持续时间。

网络计划的工期调整可按下列步骤进行：

①确定初始网络计划的计算工期和关键线路。

②按要求工期计算应缩短的时间。

③选择应该缩短持续时间的关键工作。选择压缩对象应符合下列条件：缩短持续时间对工程的质量、安全影响不大；有充足的备用资源；缩短持续时间所需增加的费用最少。

④将选定工作的持续时间压缩至最短，并重新确定关键线路、计算工期。若被压缩的工作变成非关键工作，则应延长其持续时间，使之仍为关键工作。

⑤当计算工期仍超过要求工期时，重复上述②~④，直到计算工期满足要求工期或计算工期不能再压缩为止。

⑥当多数关键工作的持续时间都已达到其所能缩短的极限而寻求不到继续缩短工期的方案，而网络计划的工期仍不能满足工期时，应对网络计划的原技术方案、组织方案进行调整，或对要求工期重新审定。

（三）施工进度计划的调整内容

①工作起止时间；

②工程量或工作量；

③工作关系；

④资源供应；

⑤必要目标。

七、网络计划技术在项目管理中的应用

网络计划技术是人们在管理实践中创造的专门用于对项目进行管理，以保证实现预定目标的科学管理技术，它既是一种科学的计划表达方式，又是一种有效的管理方法，被广

泛应用于项目管理的规划、实施、控制等阶段。其最大特点是能为项目管理提供多种信息，从而有助于管理人员合理地组织项目实施，做到统筹规划，明确重点，优化资源，实现项目目标。

网络计划技术在项目管理中应用的阶段及其内容如下所述：

（一）准备阶段

准备阶段的主要内容包括：

①确定网络计划目标。目标的主要内容有时间目标；时间-资源目标；时间-费用目标等。

②调查研究。一般应调查研究的内容有项目有关的工作任务、实施条件、设计数据等资料；有关标准、定额、规程、制度等；资源、资金的需求和供应情况；有关的经验、统计资料及历史资料等。

③项目分解。根据项目管理和网络计划的要求，将项目分解为较小的、易于管理的基本单元。

④工作方案设计。应包括的内容有确定工作（生产）顺序、方法；选择需要的资源；确定重要的工作管理组织和工作保证措施；确定采用的网络图类型。

（二）绘制网络图阶段

绘制网络图阶段的主要内容包括：

①逻辑关系分析。逻辑关系类型包括工艺关系、组织关系等。

②网络图构图。

（三）计算参数阶段

计算参数阶段的主要内容包括：

①计算工作持续时间和搭接时间；

②计算其他时间参数；

③确定关键线路。

（四）编制可行网络计划阶段

编制可行网络计划阶段的主要内容包括：

①检查与修正。检查工期、费用、资源需用量及配备是否符合要求；根据检查的结果修正工期、资源、费用。

②可行网络计划编制。根据修正后的结果编制可行网络计划。

（五）确定正式网络计划阶段

确定正式网络计划阶段的主要内容包括：

①网络计划优化。可行网络计划一般需要进行优化，方可编制成正式网络计划。当没有优化要求时，可行网络计划即作为正式网络计划。

②网络计划的确定。应编制网络计划说明书，依据网络计划的优化结果制订拟付诸实施的正式网络计划。

（六）网络计划的实施与控制阶段

网络计划的实施与控制阶段的主要内容包括：

①网络计划的贯彻。

②检查和数据采集。网络计划的检查和数据采集应包括的内容有关键工作进度；非关键工作的进度及时差利用；工作逻辑关系的变化情况；资源状况；费用状况及存在的其他问题。

③控制与调整。控制与调整的内容主要包括时间、资源、费用及工作等。

（七）收尾阶段

收尾阶段的主要内容包括：

①分析。网络计划任务完成后，应进行分析。分析的内容包括各项目标的完成情况；计划与控制工作中的问题及其原因；计划与控制工作中的经验；提高计划与控制工作水平的措施。

②总结。总结应形成制度，完成总结报告，必要时纳入组织规范，并进行归档。

第四节　施工进度控制的任务和措施

一、施工进度的影响因素

（一）项目相关单位的影响

与工程项目建设相关的单位，如：业主、施工单位、设计单位、物资供应单位、资金贷款单位、政府部门，以及运输、供电等部门，他们的进度如果拖后必将对施工进度产生影响，因此，要协调好各个相关单位之间的进度关系。

（二）承包单位自身管理能力的影响

施工现场的情况变化较大，如：施工方案不恰当、计划不周密、管理不善、问题解决不及时等都会影响施工进度。承包单位应及时改进自身管理的不足之处。

（三）物资供应的影响

施工中需要的材料、构配件、机具和设备等如果不能按时交付或运至施工现场，或者运至施工现场后发现质量不合格时，都会影响施工进度。因此，要严格把关物资质量，有效控制物资供应进度。

（四）设计变更的影响

在施工过程中如果出现设计变更，或原施工设计有问题需要修改，或者业主提出变更，都会影响施工进度。

（五）施工条件的影响

施工过程中，遇到水文、地质、气候及周围环境等的不利影响时，也会影响到施工进度。

（六）资金的影响

如果业主没有及时给足预付款，或者拖欠工程进度款，会影响承包单位流动资金的流转，从而影响施工进度。承担单位应按照业主的资金供应能力，安排好施工进度计划，督促业主及时拨付工程预付款和工程进度款。

（七）各种风险因素的影响

各种风险因素包括政治、经济、技术及自然等方面的不可预见或不可抗力的因素。进度控制人员必须对各种风险因素进行分析，提出风险应对策略，控制风险、减少风险损失及其他措施。

二、进度控制的工作内容

工程项目进度是指工程项目实施的进展情况。进度控制的目的是监控进度偏离，并采取适当的行动。该过程宜着重确定项目进度的现状，将之与核准的基线进度进行比较，以确定任何偏离，预测完成日期并执行任何适当的行动以避免不利的进度影响。宜根据过去的趋势和当前的知识定期制定并更新完成时间表的预测。进度控制的具体工作包括以下内容：

①采用各种控制手段保证工程项目各项工作按计划及时开始；

②在实施过程中，监督工程项目的进展情况；

③对项目进度情况进行评价，对进度偏差做出解释，分析原因；

④评定进度偏差对项目工期目标的影响，预测后期进度状况；

⑤针对性地提出进度偏差纠正措施，调整进度计划；

⑥对调整后的进度计划进行评审，分析纠偏措施的效果；

⑦对下一阶段的工作安排进行调整，从而保证下一阶段工作安排按调整后的进度计划正常开展。

三、进度控制的主要任务

（一）设计准备阶段

此阶段进度控制的主要任务是：

①收集有关工期的信息，进行工期目标和进度管理的决策；

②编制工程项目建设总进度计划；

③编制设计准备阶段详细工作计划，并控制其执行；

④进行环境及施工现场条件的调查和分析。

（二）设计阶段

此阶段进度控制的主要任务是：

①编制设计阶段工作计划，并控制其执行；

②编制详细的出图计划，并控制其执行。

（三）施工阶段

此阶段进度控制的主要任务是：

①编制施工总进度计划，并控制其执行；

②编制单位工程施工进度计划，并控制其执行；

③编制工程年、季、月实施计划，并控制其执行。

四、进度控制的纠偏措施

在工程项目建设过程中，工程项目的实际进度往往不能按计划进度实现，实际进度与计划进度常常存在一定的偏差，有时候甚至会出现相当程度的滞后。这是由于工程项目建设具有庞大、复杂、周期长等特点，工程施工进度无论在主观或客观上都受到诸多因素的制约。因此，在项目目标实施的过程中，为使工程建设的实际进度与计划进度要求相一致，使工程项目按照预定的时间完成并交付使用，一般会采取一些纠偏措施对工程项目的进度加以控制。

（一）经济措施

要促使事物朝有利的方向发展，无论在什么时候经济杠杆都是行之有效的重要手段之一，工程项目进度控制也不例外。建设工程项目进度控制的经济措施涉及资金需求计划、资金供应的条件和经济激励措施等。

①强调工期违约责任。建设单位要想取得好的工程进度控制效果，实现工期目标，必须突出强调施工单位的工期违约责任，并且形成具体措施在进度控制过程中就对企图拖延、蒙混工期的施工单位起到震慑作用。

②引入奖罚结合的激励机制。长期以来，在实现工程进度控制目标的巨大压力下，针对施工单位合同工期的约束大多只采取“罚”字诀，但效果并不明显。工程进度控制只采用罚的办法是比较被动的，而采取奖罚结合的办法可以引导施工单位变被动为主动。

（二）组织措施

组织协调是实现进度控制的有效措施。为有效控制工程项目的进度，必须处理好参建各方工作中存在的问题，建立协调的工作关系，通过明确各方的职责、权利和工作考核标准，充分调动和发挥各方工作的积极性、创造性及潜力，以及健全组织体系、具体工作由专人负责、编制工作流程和进度控制会议。

（三）管理措施

施工单位工程项目部是建设项目进度实施的主体，建设单位进度控制的现场协调离不开工程项目部人员的积极配合。因此，工程项目部组成人员的素质尤为重要。建设单位应当要求工程项目部的人员配备与招投标文件相符，主动加强与工程项目部人员的相互沟通，了解其技术管理水平和能力，正确引导其自觉地为实现目标控制而努力。同时，也应重视管理的手段、思想、方法，承发包模式选择（选择合理的合同结构），风险管理，重视信息技术及工程网络计划的应用。

（四）技术措施

建设工程项目进度控制的技术措施涉及对实现进度目标有利的设计技术和施工技术的选用。设计工作前期，应对设计技术与工程进度的关系做分析比较；工程进度受阻时，应分析有无设计变更的可能性。施工方案在决策选用时，应考虑其对进度的影响。整体上，应重视设计、施工技术的选用，设计技术路线，设计理念，设计方案，施工方案，技术的先进性和经济合理性。

上述纠偏措施主要是以提高预控能力、加强主动控制的办法来达到加快施工进度的目的。在项目实施过程中，要将被动控制与主动控制紧密地结合起来。只有认真分析各种因素对工程进度目标的影响程度，及时将实际进度与计划进度进行对比，制订纠正偏差的方案，并采取赶工措施，才能使实际进度与计划进度保持一致。

第七章　施工合同管理

工程合同管理贯穿工程项目实施的全过程，工程合同管理是工程项目管理的核心。随着工程合同管理理论研究和工程实践的不断深入，工程合同管理在项目管理和建筑业企业管理中的重要性日益明显和突出；工程合同管理课程和内容在广度上不断拓展和丰富、在深度上不断深化和优化，已经成为注册建造师、监理工程师、造价工程师等专业人士知识结构和能力结构的重要组成部分以及执业能力的重要体现。工程合同管理已成为工程管理、工程造价本科专业的核心主干课程，是工程管理、工程造价人才核心能力培养的重要构成。

第一节　施工发承包模式

一、施工发承包的主要类型

（一）施工平行发承包模式

1. 施工平行发承包的含义

施工平行发承包（即分别发承包）是指发包方将建设工程项目按照一定的原则分解，将其施工任务分别发包给不同的施工单位，各施工单位分别与发包方签订施工承包合同。

施工平行发承包的一般工作程序为：施工图设计完成→施工招投标→施工→完工验收。

2. 施工平行发承包的特点

（1）费用控制

①以施工图设计为基础，投标人进行投标报价较有依据，合同风险降低；②每一部分工程的施工，发包人都可以通过招标选择最满意的施工单位承包，对降低工程造价有利；③对业主来说，要等最后一份合同签订后才知道整个工程的总造价，对投资的早期控制不利。

（2）进度控制

①某一部分施工图完成后，即可开始这部分工程的招标，开工日期提前，可以边设计

边施工，缩短建设周期；②由于要进行多次招标，业主用于招标的时间较多；③施工总进度计划和控制及不同单位承包的各部分工程之间的进度计划及其实施的协调均由业主负责，业主的管理风险大。

（3）质量控制

①对某些工作而言，符合质量控制上的“他人控制”原则，不同分包单位之间能够形成一定的控制和制约机制，对业主的质量控制有利；②合同交互界面比较多，应非常重视各合同之间界面的定义，否则对项目的质量控制不利。

（4）合同管理

①业主负责所有施工承包合同的招标、合同谈判、签约，招标工作量大，对业主不利；②业主在每个合同中都有相应的责任和义务，签订的合同越多，业主的责任和义务就越多；③业主负责多个施工承包合同的跟踪管理，合同管理工作量较大。

（5）组织与协调

①业主直接控制所有工程的发包，可决定所有工程的承包商的选择；②业主负责对所有承包商的组织与协调，承担类似于总承包管理的角色，工作量大，对业主不利；③业主可能需要配备较多的人力和精力进行管理，管理成本高。

3. 施工平行发承包的应用

适合选用施工平行发承包模式的项目主要有以下四种：

①项目规模很大，不可能选择一个施工单位进行施工总承包或施工总承包管理，也没有一个施工单位能够进行施工总承包或施工总承包管理；

②项目建设的时间要求紧迫，业主急于开工，需要边设计施工图，边施工；

③业主有足够的经验和能力应对多家施工单位；

④将工程分解发包，业主可以尽可能多地照顾各种关系。

（二）施工总承包模式

1. 施工总承包的含义

施工总承包，是指建设工程发包人将全部施工任务发包给一个施工单位或由多个施工单位组成的施工联合体或施工合作体。施工总承包单位主要依靠自己的力量完成施工任务。

施工总承包合同一般实行总价合同。施工总承包的一般工作程序为：施工图设计完成→施工总承包的招投标→施工→竣工验收。

2. 施工总承包的特点

（1）费用控制

①以施工图设计为投标报价的基础，投标人的投标报价较有依据；②在开工前就有较

明确的合同价，有利于业主对总造价的早期控制；③若在施工过程中发生设计变更，则可能发生索赔。

（2）进度控制

①一般要等施工图设计全部结束后，才能进行施工总承包的招标，开工日期较迟，建设周期较长，对项目总进度控制不利；②施工总进度计划的编制、控制和协调由施工总承包单位负责，而项目总进度计划的编制、控制和协调，以及设计、施工、供货之间的进度计划协调由业主负责。

（3）质量控制

项目质量的好坏很大程度上取决于施工总承包单位的管理水平和技术水平，业主对施工总承包单位的依赖较大。

（4）合同管理

①业主只需要进行一次招标，与一个施工总承包单位签约，招标及合同管理工作量大大减小，对业主有利；②在很多工程实践中，采用的并不是真正意义上的施工总承包，而是“费率招标”。“费率招标”实质上是开口合同，对业主方的合同管理和投资控制十分不利。

（5）组织与协调

业主只负责对施工总承包单位的管理及组织协调，工作量大大减小，对业主比较有利。

与平行发承包模式相比，采用施工总承包模式，业主的合同管理、组织和协调的工作量大大减小了，协调比较容易；但缺点是建设周期可能比较长，对项目总进度控制不利。

（三）施工总承包管理模式

1. 施工总承包管理的含义

采用施工总承包管理模式时，业主与某个具有丰富施工管理经验的单位或者由多个单位组成的联合体或合作体签订施工总承包管理协议，由其负责整个项目的施工组织与管理。

一般情况下，施工总承包管理单位不参与具体工程的施工，具体工程的施工需要再进行分包单位的招标与发包。如果施工总承包管理单位也想承担部分具体工程的施工时，也可以参加这一部分工程施工的投标，通过竞争取得任务。

2. 施工总承包管理模式的特点

（1）费用控制

①由业主单独或与施工总承包管理单位共同对某一部分工程进行施工招标，分包合同

的投标报价和合同价以施工图为依据；

②每一部分工程的施工，发包人都可以通过招标选择最好的施工单位承包，获得最低的报价，对降低工程造价有利；

③在进行施工总承包管理单位的招标时，只确定施工总承包管理费，而不确定工程总造价，这使业主控制总投资存在风险；

④多数情况下，由业主方与分包人直接签约，加大了业主方的风险。

（2）进度控制

①对施工总承包管理单位的招标不依赖于完整的施工图设计，可以提前到初步设计阶段进行。而对分包单位的招标依据该部分工程的施工图，可以提前开工，缩短建设周期。

②施工总进度计划的编制、控制和协调由施工总承包管理单位负责，项目总进度计划的编制、控制和协调，以及设计、施工、供货之间的进度计划协调由业主负责。

（3）质量控制

①对分包单位的质量控制主要由施工总承包管理单位进行；

②分包工程任务符合质量控制上的“他人控制”原则，对质量控制有利；

③各分包合同交界面的定义由施工总承包管理单位负责，减轻了业主方的工作量。

（4）合同管理

①一般情况下，所有分包合同的招投标、合同谈判、签约工作由业主负责，业主方的招标及合同管理工作量大，对业主不利；

②分包单位工程款可由总承包管理单位支付或由业主直接支付，前者支付有利于施工总承包管理单位对分包单位的管理。

（5）组织与协调

①由施工总承包管理单位负责对所有分包单位的管理及组织协调，大大减轻了业主的工作量；

②与分包单位的合同一般由业主签订，一定程度上削弱了施工总承包管理单位对分包单位管理的力度。

3. 施工总承包管理模式与施工总承包模式的比较

施工总承包管理模式与施工总承包模式相比具有以下优点：

①合同总价不是一次确定，某一部分施工图设计完成以后，再进行该部分工程的施工招标，确定该部分工程的合同价，因此，整个项目的合同总额的确定较有依据；

②所有分包合同和分供货合同的发包，都通过招标获得有竞争力的投标报价，对业主方节约投资有利；

③施工总承包管理单位只收取总承包管理费；

④业主对分包单位的选择具有控制权；

⑤每完成一部分施工图设计，即可进行该部分工程的施工招标，可以边设计边施工，从而提前开工，缩短建设周期，有利于进度控制。

二、施工招标

（一）招投标项目的确定

①建设工程施工招标应具备的条件：招标人已经依法成立；初步设计及概算应当履行审批手续的，已经批准；招标范围、招标方式和招标组织形式等应当履行核准手续的，已经核准；有相应资金或资金来源已经落实；有招标所需的设计图纸及技术资料。

②在我国境内进行下列工程建设项目，包括项目的勘察、设计、施工、监理及与工程建设有关的重要设备、材料等的采购，必须进行招标：大型基础设施、公用事业等关系社会公共利益、公众安全的项目；全部或者部分使用国有资金投资或者国家融资的项目；使用国际组织或者外国政府贷款、援助资金的项目。

（二）招标方式的确定

招标分公开招标和邀请招标两种方式。

1. 公开招标（无限竞争性招标）

公开招标的优点是招标人有较大的选择范围，可在众多的投标人中选择报价合理、工期较短、技术可靠、资信良好的中标人。缺点是公开招标的资格审查和评标的工作量比较大，耗时长、费用高，且有可能因资格预审把关不严导致鱼目混珠的现象发生。如果采用公开招标方式，投标人享有同等竞争机会，招标人不得以不合理的条件限制或排斥潜在的投标人。

2. 邀请招标（有限竞争性招标）

为了保护公共利益，避免邀请招标方式被滥用，按规定应该招标的建设工程项目，一般应采用公开招标，如果要采用邀请招标，须经过批准。有下列情形之一的，经批准可以进行邀请招标：

①项目技术复杂或有特殊要求，或受自然地域环境限制，只有少量几家潜在投标人可供选择的；

②涉及国家安全、国家秘密或者抢险救灾，适宜招标但不宜公开招标的；

③采用公开招标的费用占项目合同金额的比例过大的；

④法律、法规规定不宜公开招标的。

招标人采用邀请招标方式，应当向三个以上具备承担招标项目的能力、资信良好的特定的法人或者其他组织发出投标邀请书。

（三）自行招标与委托招标

招标人可自行办理招标事宜，也可以自行选择招标代理机构委托其代为办理招标事宜。招标人自行办理招标事宜的，招标人应具有编制招标文件和组织评标的能力；招标人不具备自行招标能力的，必须委托具备相应资质的招标代理机构代为办理招标事宜。

工程招标代理机构资格分为甲、乙两级。其中，乙级工程招标代理机构只能承担工程投资额（不含征地费、大市政配套费与拆迁补偿费）1 亿元以下的工程招标代理业务。工程招标代理机构可以跨省、自治区、直辖市承担工程招标代理业务。

（四）招标信息的发布与修正

1. 招标信息的发布

采用公开招标方式时，招标人或其委托的招标代理机构应至少在一家国家指定的报刊和信息网络上发布招标公告。指定报刊在发布招标公告的同时，应将招标公告如实抄送指定网络。招标人或其委托的招标代理机构在两个以上媒介发布的同一招标项目的招标公告的内容应当一致。

招标人应当按招标公告或者投标邀请书规定的时间、地点出售招标文件或资格预审文件。自招标文件或者资格预审文件出售之日起至停止出售之日止，最短不得少于 5 日。

投标人必须自费购买相关招标或资格预审文件，招标人对招标文件或者资格预审文件的收费应当合理，不得以营利为目的。对于所附的设计文件，招标人可以向投标人酌收押金；对于开标后投标人退还设计文件的，招标人应当向投标人退还押金。招标文件或者资格预审文件售出后，不予退还。除不可抗力原因外，招标人在发布招标公告、发出投标邀请书后或者售出招标文件或资格预审文件后不得终止招标。

2. 招标信息的修正

如果招标人在招标文件发布之后，发现有问题需要进一步澄清或修改的，必须依据以下原则进行：

①招标人对已发出的招标文件进行必要的澄清或者修改，应当在招标文件要求提交投标文件截止时间至少 15 日前发出（时限）；

②所有澄清文件必须以书面形式进行（形式）；

③所有澄清文件必须直接通知所有招标文件收受人（全面）。

（五）资格预审

招标人可以根据招标项目本身的特点和要求，要求潜在投标人或投标人提供有关资质、业绩和能力等的证明，并对潜在投标人或投标人进行资格审查。资格审查分为资格预审和资格后审。

（六）标前会议

标前会议也称为投标预备会或招标文件交底会，是招标人按投标须知规定的时间和地点召开的会议。会议结束后，招标人应将会议纪要和对个别投标人问题的解答（问题来源不需要说明）均以书面形式发给每一个投标人，以保证招标的公平和公正。会议纪要和答复函件构成招标文件的补充文件都是招标文件的有效组成部分，与招标文件具有同等法律效力。当补充文件与招标文件内容不一致时，应以补充文件为准。

（七）评标

评标分为评标的准备、初步评审、详细评审、编写评标报告等过程。

初步评审主要进行符合性审查，审查内容包括：投标资格审查、投标文件完整性审查、投标担保的有效性、与招标文件是否有显著的差异和保留等。另外还应对报价计算的正确性进行审查，如计算有误，通常的处理方法是：大小写不一致的以大写为准，单价与数量的乘积之和与所报的总价不一致的应以单价为准；标书正本和副本不一致的，则以正本为准。

详细评审是评标的核心，是对标书的实质性审查，包括技术评审和商务评审。技术评审主要是分析评价投标书的技术方案、技术措施、技术手段、技术装备、人员配备、组织结构、进度计划等的先进性、合理性、可靠性、安全性、经济性等。商务评审主要是评审投标书的报价高低、报价构成、计价方式、计算方法、支付条件、取费标准、价格调整、税费、保险及优惠条件等。

评标结束后，评标委员会推荐的中标候选人应当限定在1~3人，并标明排列顺序。

第二节　施工合同与物资采购合同

一、发包人的责任与义务

（一）发包人的责任

①除专用合同条款另有约定外，发包人应根据合同工程的施工需要，负责办理取得出入施工场地的专用和临时道路的通行权，以及取得为工程建设所需修建场外设施的权利，并承担有关费用。

②发包人应在专用合同条款约定的期限内，通过监理人向承包人提供测量基准点、基准线、水准点及其书面资料。

发包人应对其提供的测量基准点、基准线、水准点及其书面资料的真实性、准确性和完整性负责。因发包人提供上述基准资料错误导致承包人测量放线工作的返工或造成工程损失的，发包人应当承担由此增加的费用和（或）工期延误，并向承包人支付合理利润。

③发包人的施工安全责任。发包人应对其现场机构雇用的全部人员的工伤事故承担责任，但由于承包人原因造成发包人人员工伤的，应由承包人承担责任。

④治安保卫的责任。除合同另有约定外，发包人应与当地公安部门协商，在现场建立治安管理机构或联防组织，统一管理施工场地的治安保卫事项，履行合同工程的治安保卫职责。发包人和承包人应在工程开工后，共同编制施工场地治安管理计划，并制订应对突发治安事件的紧急预案。

⑤工程施工过程中发生事故的，承包人应立即通知监理人，监理人应立即通知发包人。

⑥发包人应将现场地质勘探资料、水文气象资料提供给承包人，并对其准确性负责。但承包人应对其阅读上述有关资料后所做出的解释和推断负责。

（二）发包人的义务

①遵守法律。发包人在履行合同过程中应遵守法律，并保证承包人免于承担因发包人违反法律而引起的任何责任。

②发出开工通知。发包人应委托监理人按合同约定向承包人发出开工通知。

③提供施工场地。发包人应按专用合同条款约定向承包人提供施工场地，以及施工场地内地下管线和地下设施等有关资料，并保证资料的真实、准确、完整。

④协助承包人办理证件和批件。发包人应协助承包人办理法律规定的有关施工证件和批件。

⑤组织设计交底。发包人应根据合同进度计划，组织设计单位向承包人进行设计交底。

⑥支付合同价款。发包人应按合同约定向承包人及时支付合同价款。

⑦组织竣工验收。发包人应按合同约定及时组织竣工验收。

⑧其他义务。发包人应履行合同约定的其他义务。

（三）发包人违约的情形

在履行合同过程中发生的下列情形，属发包人违约：

①发包人未能按合同约定支付预付款或合同价款，或拖延、拒绝批准付款申请和支付

凭证，导致付款延误的；

②发包人原因造成停工的；

③监理人无正当理由没有在约定期限内发出复工指示，导致承包人无法复工的；

④发包人无法继续履行或明确表示不履行或实质上已停止履行合同的；

⑤发包人不履行合同约定其他义务的。

二、承包人的责任与义务

（一）承包人的一般义务

承包人的一般义务包括：①遵守法律；②依法纳税；③完成各项承包工作；④对施工作业和施工方法的完备性负责；⑤保证工程施工和人员的安全；⑥负责施工场地及其周边环境与生态的保护工作；⑦避免施工对公众与他人的利益造成损害；⑧为他人提供方便；⑨工程的维护和照管；⑩其他义务。

（二）承包人的其他责任与义务

①承包人不得将工程主体、关键性工作分包给第三人。除专用合同条款另有约定外，未经发包人同意，承包人不得将工程的其他部分或工作分包给第三人。承包人应与分包人就分包工程向发包人承担连带责任。

②承包人应在接到开工通知后 28 天内，向监理人提交承包人在施工场地的管理机构以及人员安排的报告。承包人应向监理人提交施工场地人员变动情况的报告。

③承包人应对施工场地和周围环境进行查勘，并收集有关地质、水文、气象条件、交通条件、风俗习惯及其他为完成合同工作有关的当地资料。

三、进度控制的主要条款内容

（一）进度计划

①合同进度计划。承包人应按专用合同条款约定的内容和期限，编制详细的施工进度计划和施工方案说明报送监理人。

②合同进度计划的修订。不论何种原因造成工程的实际进度与合同进度计划不符时，承包人可以在专用合同条款约定的期限内向监理人提交修订合同进度计划的申请报告，并附有关措施和相关资料，报监理人审批；监理人也可以直接向承包人做出修订合同进度计划的指示，承包人应按该指示修订合同进度计划，报监理人审批。监理人应在专用合同条款约定的期限内批复。监理人在批复前应获得发包人同意。

（二）开工日期与工期

监理人应在开工日期7天前向承包人发出开工通知。监理人在发出开工通知前应获得发包人同意。工期自监理人发出的开工通知中载明的开工日期起计算。

（三）工期调整

1. 发包人的工期延误

在履行合同过程中，由于发包人的下列原因造成工期延误的，承包人有权要求发包人延长工期和（或）增加费用，并支付合理利润：

①增加合同工作内容；

②改变合同中任何一项工作的质量要求或其他特性；

③发包人迟延提供材料、工程设备或变更交货地点的；

④因发包人原因导致的暂停施工；

⑤提供图纸延误；

⑥未按合同约定及时支付预付款、进度款；

⑦发包人造成工期延误的其他原因。

2. 异常恶劣的气候条件

由于出现专用合同条款规定的异常恶劣气候的条件导致工期延误的，承包人有权要求发包人延长工期。

3. 承包人的工期延误

由于承包人原因造成工期延误，承包人支付逾期竣工违约金。承包人支付逾期竣工违约金，不免除承包人完成工程及修补缺陷的义务。

4. 工期提前

发包人要求承包人提前竣工，或承包人提出提前竣工的建议能够给发包人带来效益的，应由监理人与承包人共同协商采取加快工程进度的措施和修订合同进度计划。发包人应承担承包人由此增加的费用，并向承包人支付专用合同条款约定的相应奖金。

（四）暂停施工

1. 承包人暂停施工的责任

因下列暂停施工增加的费用和（或）工期延误由承包人承担：①承包人违约引起的暂停施工；②由于承包人原因为工程合理施工和安全保障所必需的暂停施工；③承包人擅自暂停施工；④承包人其他原因引起的暂停施工；⑤专用合同条款约定由承包人承担的其他

暂停施工。

2. 发包人暂停施工的责任

由于发包人原因引起的暂停施工造成工期延误的，承包人有权要求发包人延长工期和（或）增加费用，并支付合理利润。

3. 监理人暂停施工指示

①监理人认为有必要时，可向承包人做出暂停施工的指示，承包人应按监理人指示暂停施工。不论由于何种原因引起的暂停施工，暂停施工期间承包人应负责妥善保护工程并提供安全保障。

②由于发包人的原因发生暂停施工的紧急情况，且监理人未及时下达暂停施工指示的，承包人可先暂停施工，并及时向监理人提出暂停施工的书面请求。监理人应在接到书面请求后的 24 小时内予以答复，逾期未答复的，视为同意承包人的暂停施工请求。

4. 暂停施工后的复工

①当工程具备复工条件时，监理人应立即向承包人发出复工通知。承包人收到复工通知后，应在监理人指定的期限内复工。

②承包人无故拖延和拒绝复工的，由此增加的费用和工期延误由承包人承担；因发包人原因无法按时复工的，承包人有权要求发包人延长工期和（或）增加费用，并支付合理利润。

5. 暂停施工持续 56 天以上

①监理人发出暂停施工指示后未向承包人发出复工通知，除了该项停工是由于承包人暂停施工的责任外，承包人可向监理人提交书面通知，要求监理人在收到书面通知后 28 天内准许已暂停施工的工程或其中一部分工程继续施工。如监理人逾期不予批准，则承包人可以通知监理人，将工程受影响的部分视为变更的可取消工作。如暂停施工影响到整个工程，可视为发包人违约，应按发包人违约办理。

②由于承包人责任引起的暂停施工，如承包人在收到监理人暂停施工指示后 56 天内不认真采取有效的复工措施，造成工期延误，可视为承包人违约。

四、质量控制的主要条款内容

（一）承包人的质量管理

承包人应在施工场地设置专门的质量检查机构，配备专职质量检查人员，建立完善的质量检查制度。承包人应在合同约定的期限内，提交工程质量保证措施文件，包括质量检查机构的组织和岗位责任、质检人员的组成、质量检查程序和实施细则等，报送监理人审批。

（二）承包人的质量检查

承包人应按合同约定对材料、工程设备及工程的所有部位及其施工工艺进行全过程的质量检查和检验，并做详细记录，编制工程质量报表，报送监理人审查。

（三）监理人的质量检查

监理人有权对工程的所有部位及其施工工艺、材料和工程设备进行检查和检验。监理人的检查和检验，不免除承包人按合同约定应负的责任。

（四）工程隐蔽部位覆盖前的检查

①通知监理人检查。经承包人自检确认的工程隐蔽部位具备覆盖条件后，承包人应通知监理人在约定的期限内检查。经监理人检查确认质量符合隐蔽要求，并在检查记录上签字后，承包人才能进行覆盖。监理人检查确认质量不合格的，承包人应在监理人指示的时间内修整返工后，由监理人重新检查。

②监理人未到场检查。监理人未按约定的时间进行检查的，除监理人另有指示外，承包人可自行完成覆盖工作，并做相应记录报送监理人，监理人应签字确认。监理人事后对检查记录有疑问的，可按约定重新检查。

③监理人重新检查。承包人覆盖工程隐蔽部位后，监理人对质量有疑问的，可要求承包人对已覆盖的部位进行钻孔探测或揭开重新检验，承包人应遵照执行，并在检验后重新覆盖恢复原状。经检验证明工程质量符合合同要求的，由发包人承担由此增加的费用和（或）工期延误，并支付承包人合理利润；经检验证明工程质量不符合合同要求的，由此增加的费用和（或）工期延误由承包人承担。

④承包人私自覆盖。承包人未通知监理人到场检查，私自将工程隐蔽部位覆盖的，监理人有权指示承包人钻孔探测或揭开检查，由此增加的费用和（或）工期延误由承包人承担。

（五）清除不合格工程

①承包人使用不合格材料、工程设备，或采用不适当的施工工艺，或施工不当，造成工程不合格的，监理人可以随时发出指示，要求承包人立即采取措施进行补救，直至达到合同要求的质量标准，由此增加的费用和（或）工期延误由承包人承担。

②由于发包人提供的材料或工程设备不合格造成的工程不合格，需要承包人采取措施补救的，发包人应承担由此增加的费用和（或）工期延误，并支付承包人合理利润。

（六）材料、工程设备和工程的试验和检验

监理人对承包人的试验和检验结果有疑问的，或为查清承包人试验和检验成果的可靠性要求承包人重新试验和检验的，可按合同约定由监理人与承包人共同进行。重新试验和检验的结果证明该项材料、工程设备或工程的质量不符合合同要求的，由此增加的费用和（或）工期延误由承包人承担；重新试验和检验结果证明该项材料、工程设备和工程符合合同要求，由发包人承担由此增加的费用和（或）工期延误，并支付承包人合理利润。

第三节 施工计价方式

一、单价合同

（一）单价合同的含义

当发包工程的内容和工程量短时间内不能明确、具体地予以规定时，可以采用单价合同形式，即根据计划工程内容和估算工程量，在合同中明确每项工程内容的单位价格，实际支付时则根据实际完成的工程量乘以合同单价计算应付的工程款。

（二）单价合同的特点

单价合同的特点是单价优先，实际工程款的支付按实际完成的工程量乘以合同单价进行计算。对于投标书中明显的数字计算错误，业主有权先做修改再评标，当总价和单价的计算结果不一致时，以单价为准调整总价。

单价合同的优点是：①单价合同允许随工程量变化而调整工程总价，业主和承包商都不存在工程量方面的风险；②在招标前，发包单位无须对工程范围做出完整的、详尽的规定，从而可以缩短招标准备时间，投标人也只须对所列工程内容报出自己的单价，从而缩短投标时间。

单价合同的缺点是：①采用单价合同时，业主需要安排专门力量来核实已经完成的实际工程量，在施工过程中需要花费不少精力，协调工作量大；②用于计算应付工程款的实际工程量可能超过预测的工程量，即实际投资容易超过计划投资，对投资控制不利。

（三）单价合同的分类

单价合同分为固定单价合同和变动单价合同。

采用固定单价合同时，无论发生哪些影响价格的因素都不对单价进行调整，故对承包

商均存在一定的风险，适用于工期较短、工程量变化幅度不大的项目。

采用变动单价合同时，承包商的风险相对较小。合同双方可以对单价变动进行以下约定：①约定一个估计的工程量，当实际工程量发生较大变化时可以对单价进行调整，同时还应约定如何对单价进行调整；②约定当通货膨胀达到一定水平或者国家政策发生变化时，对哪些工程内容的单价进行调整及如何调整等。

二、总价合同

（一）总价合同的含义

总价合同是指根据合同规定的工程施工内容和有关条件，业主应付给承包商的款额是一个规定的金额，即明确的总价。总价合同也称作总价包干合同，即根据施工招标时的要求和条件，当施工内容和有关条件不发生变化时，业主付给承包商的价款总额就不发生变化。如果由于承包人的失误导致投标价计算错误，合同总价格也不予调整。

（二）总价合同的特点

总价合同是总价优先，承包商报总价，双方商讨并确定合同总价，最终也按总价计算。总价合同的特点包括：①发包单位可以在报价竞争状态下确定项目的总造价，可以较早确定或者预测工程成本；②业主的风险较小，承包人将承担较多的风险；③评标时易于迅速确定最低报价的投标人；④在施工进度上能极大地调动承包人的积极性；⑤发包单位能更容易、更有把握地对项目进行控制；⑥必须完整而明确地规定承包人的工作；⑦必须将设计和施工方面的变化控制在最低限度内。

（三）总价合同的分类

总价合同可分为固定总价合同和变动总价合同两种。

1. 固定总价合同

固定总价合同的价格计算以图纸及规定、规范为基础，工程任务和内容明确，业主要求和条件清楚，合同总价一次包干，固定不变，即不再因为环境的变化和工程量的增减而变化。

固定总价合同适用于以下情况：①工程量小、工期短，在施工过程中环境因素变化小，工程条件稳定并合理；②工程设计详细，图纸完整、清楚，工程任务和范围明确；③工程结构和技术简单，风险小；④投标期相对宽裕，承包商可以有充足的时间详细考察现场，复核工程量，分析招标文件，拟订施工计划；⑤合同条件中双方的权利和义务十分清楚，合同条件完备。

采用固定总价合同时，双方结算比较简单，但由于承包商承担了较大的风险，故报价中不可避免地要增加一笔较高的不可预见风险费。承包商的风险主要有两个方面：①价格风险（包括报价计算错误、漏报项目、物价和人工费上涨等）；②工作量风险（包括工程量计算错误、工程范围不确定、工程变更或者由于设计深度不够所造成的误差等）。

2. 变动总价合同

变动总价合同（又称可调总价合同）的合同价格以图纸及规定、规范为基础，按照时价进行计算，得到包括全部工程任务和内容的暂定合同价格。通货膨胀等不可预见因素的风险由业主承担，不利于其进行投资控制，突破投资的风险增大；而对承包商而言，风险相对较小。

合同双方可以约定在以下情形发生时，对合同价款进行调整：①法律、行政法规和国家有关政策变化影响合同价款；②工程造价管理部门公布的价格调整；③一周内非承包人原因停水、停电、停气造成的停工累计超过 8 小时；④双方约定的其他因素。

建设周期在一年半以上的工程项目，应考虑下列因素引起的价格变化问题：①劳务工资及材料费用的上涨；②其他影响工程造价的因素（如：运输费、燃料费、电力等价格的变化）；③外汇汇率的不稳定；④国家或者省、市立法的改变引起的工程费用的上涨。

三、成本加酬金合同

（一）成本加酬金合同的含义

成本加酬金合同（也称成本补偿合同），是指工程施工的最终合同价格按照工程的实际成本再加上一定的酬金进行计算的一种施工承包合同。在合同签订时，工程实际成本往往不能确定，只能确定酬金的取值比例或者计算原则。

（二）成本加酬金合同的适用条件

1. 工程特别复杂，工程技术、结构方案不能预先确定，或尽管可以确定工程技术和结构方案，但不可能进行竞争性的招标活动并以总价合同或单价合同的形式确定承包商，如研究开发性质的工程项目；

2. 时间特别紧迫，来不及进行详细的计划和商谈，如：抢险、救灾工程。

（三）成本加酬金合同的形式

1. 成本加固定费用合同

根据双方讨论同意的工程规模、估计工期、技术要求、工作性质及复杂性、所涉及的风险等来考虑确定一笔固定数目的报酬金额作为管理费及利润，对人工、材料、机械台班等直接成本则实报实销。

适用于工程总成本一开始估计不准，可能变化不大的情况。

2. 成本加固定比例费用

合同工程成本中直接费加一定比例的报酬费，报酬部分的比例在签订合同时由双方确定。

适用于工程初期很难描述工作范围和性质，或工期紧迫，无法按常规编制招标文件的情形。

3. 成本加奖金合同

奖金是根据报价书中的成本估算指标制定的，在合同中对这个估算指标规定一个底点（60%~75%）和顶点（110%~135%），承包商在估算指标的顶点以下完成工程则可得到奖金，超过顶点则要对超出部分支付罚款。

适用于在招标时，当图纸、规范等准备不充分，不能据以确定合同价格，而仅能制定一个估算指标的情形。

4. 最大成本加费用合同

在工程成本总价基础上加固定酬金费用，即当设计深度达到可以报总价的深度，投标人报一个工程成本总价和一个固定的酬金（包括各项管理费、风险费和利润）。

适用于非代理型（风险型）CM 模式的合同中。

建设工程成本中直接费包括耗用的材料费、耗用的人工费、耗用的机械使用费和其他直接费。

第四节　施工合同执行过程的管理

一、施工合同变更管理

合同变更是指合同成立以后和履行完毕以前由双方当事人依法对合同的内容所进行的修改，包括合同价款、工程内容、工程的数量、质量要求和标准、实施程序等的变更。

工程变更一般是指在工程施工过程中，根据合同约定对施工的程序、工程的内容、数量、质量要求及标准等做出的变更。工程变更属于合同变更，合同变更主要是由工程变更引起的，合同变更的管理主要是对工程变更的管理。

（一）工程变更的原因

工程变更的原因一般包括：

①业主对工程提出新要求，发出新的变更指令；

②因设计人员、承包商、监理方人员事先没有很好地理解业主的意图，或设计的错误，导致图纸修改；

③工程环境发生变化；

④由于技术和知识更新，或由于业主指令、业主责任的原因造成承包商施工方案的改变；

⑤政府部门对工程新的要求，如：国家计划变化、环境保护要求、城市规划变动等。

⑥合同实施过程中出现问题，必须调整合同目标或修改合同条款。

（二）变更的范围和内容

除专用合同条款另有约定外，在履行合同中发生以下情形之一，应按照本条规定进行变更：①取消合同中任何一项工作，但被取消的工作不能转由发包人或其他人实施；②改变合同中任何一项工作的质量或其他特性；③改变合同工程的基线、标高、位置或尺寸；④改变合同中任何一项工作的施工时间或改变已批准的施工工艺或顺序；⑤为完成工程需要追加的额外工作。

（三）变更权

在履行合同过程中，经发包人同意，监理人可按合同约定的变更程序向承包人做出变更指示，承包人应遵照执行。没有监理人的变更指示，承包人不得擅自变更。

（四）变更程序

1. 变更的提出

①在合同履行过程中，可能发生合同变更约定情形的，监理人可向承包人发出变更意向书。变更意向书应要求承包人提交包括拟实施变更工作的计划、措施和竣工时间等内容的实施方案。发包人同意承包人变更实施方案的，由监理人按合同约定的程序发出变更指示。

②在合同履行过程中，已经发生通用合同条款合同变更约定情形的，监理人应按照合同约定的程序向承包人发出变更指示。

③承包人收到监理人按合同约定发出的图纸和文件，经检查认为其中存在合同变更约定情形的，承包人可向监理人提出书面变更建议。变更建议应阐明要求变更的依据，并附必要的图纸和说明。监理人收到承包人书面建议后，应与发包人共同研究，确认存在变更的，应在收到承包人书面建议后的 14 天内做出变更指示。经研究后不同意作为变更的，应由监理人书面答复承包人。

④若承包人收到监理人的变更意向书后认为难以实施此项变更，应立即通知监理人，说明原因并附详细依据。监理人与承包人和发包人协商后确定撤销、改变或不改变原变更意向书。

2. 变更指示

变更指示只能由监理人发出。变更指示应说明变更的目的、范围、变更内容及变更的工程量及其进度和技术要求，并附有关图纸和文件。承包人收到变更指示后，应按变更指示进行变更工作。

（五）变更估价

①除专用合同条款对期限另有约定外，承包人应在收到变更指示或变更意向书后的 14 天内，向监理人提交变更报价书。报价内容应根据合同约定的变更估价原则，详细开列变更工作的价格组成及其依据，并附必要的施工方法说明和有关图纸。

②变更工作影响工期的，承包人应提出调整工期的具体细节。监理人认为有必要时，可要求承包人提交要求提前或延长工期的施工进度计划及相应施工措施等详细资料。

③除专用合同条款对期限另有约定外，监理人收到承包人变更报价书后的 14 天内，根据合同约定的变更估计原则，总监理工程师与合同当事人进行商定或确定变更价格。

（六）变更估价的原则

除专用合同条款另有约定外，因变更引起的价格调整按照本款约定处理。

①已标价工程量清单中有适用于变更工作的子目的，采用该子目的单价。

②已标价工程量清单中无适用于变更工作的子目，但有类似子目的，可在合理范围内参照类似子目的单价，由监理人商定或确定变更工作的单价。

③已标价工程量清单中无适用或类似子目的单价，可按照成本加利润的原则，由监理人商定或确定变更工作的单价。

（七）计日工

①发包人认为有必要时，由监理人通知承包人以计日工方式实施变更的零星工作。其价款按列入已标价工程量清单中的计日工计价子目及其单价进行计算。

②采用计日工计价的任何一项变更工作，应从暂列金额中支付，承包人应在该项变更的实施过程中，每天提交相关报表和凭证报送监理人审批。

③计日工由承包人汇总后，按合同约定列入进度付款申请单，由监理人复核并经发包人同意后列入进度付款。

二、施工合同的索赔

（一）施工合同索赔的依据和证据

1. 索赔的依据

索赔的依据主要包括：合同文件，法律、法规，工程建设惯例。

2. 索赔的证据

索赔证据是当事人用来支持其索赔成立或与索赔有关的证明文件和资料。索赔证据是索赔文件的组成部分。在工程项目实施过程中，产生的大量工程信息和资料是开展索赔的重要证据。

3. 索赔证据的基本要求

索赔证据应该具有真实性、及时性、全面性、关联性、有效性。

4. 索赔成立的条件

（1）构成施工项目索赔条件的事件

索赔事件（又称干扰事件）是指那些使实际情况与合同规定不符合，最终引起工期和费用变化的各类事件。通常，承包商可以提起索赔的事件主要包括以下情形：

①发包人违反合同规定给承包人造成时间、费用的损失；

②因工程变更（含设计变更、发包人提出的工程变更、监理工程师提出的工程变更，以及承包人提出并经监理工程师批准的变更）造成的时间、费用损失；

③由于监理工程师对合同文件的歧义解释、技术资料不确切，或由于不可抗力导致施工条件的改变，造成了时间、费用的增加；

④发包人提出提前完成项目或缩短工期而造成承包人的费用增加；

⑤发包人延误支付期限造成承包人的损失；

⑥合同规定以外的项目进行检验，且检验合格，或非承包人的原因导致项目缺陷的修复所发生的损失或费用；

⑦非承包人的原因导致工程暂时停工；

⑧物价上涨、法规变化及其他。

（2）索赔成立的前提条件

索赔的成立必须同时具备下列三个条件：①与合同对照，事件已造成承包人工程项目成本的额外支出或直接工期损失；②造成费用增加或工期损失的原因，按合同约定不属于承包人的行为责任或风险责任；③承包人按合同规定的程序和时间提交索赔意向通知和索赔报告。

（二）施工合同索赔的程序

1. 索赔文件的主要内容

①总述部分。概要论述索赔事项发生的日期和过程；承包人为该索赔事项付出的努力和附加开支；承包人的具体索赔要求。

②论证部分。论证部分是索赔报告的关键部分，其目的是说明自己有索赔权，是索赔能否成立的关键（索赔定性）。

③索赔款项（或工期）计算部分（索赔定量）。

④证据部分。要注意引用的每个证据的效力或可信程度，对重要的证据资料最好附以文字说明，或附以确认件。

2. 索赔文件的提交

承包人必须在发出索赔意向通知后的28天内或经过工程师（监理人）同意的其他合理时间内向工程师（监理人）提交一份详细的索赔文件和有关资料。如果索赔事件对工程的影响持续时间长，承包人则应按工程师（监理人）要求的合理间隔（一般为28天），提交中间索赔报告，并在索赔事件影响结束后的28天提交一份最终索赔报告。

3. 索赔文件的审核

对于承包人向发包人的索赔请求，索赔文件应该交由工程师（监理人）审核。工程师（监理人）根据发包人的委托或授权，对承包人的索赔要求进行审核和质疑。

对承包人提出索赔的处理程序如下：

①监理人收到承包人提交的索赔通知书后，应及时审查索赔通知书的内容、查验承包人的记录和证明材料，必要时监理人可要求承包人提交全部原始记录副本。

②监理人应按商定或确定追加的付款和（或）延长的工期，并在收到上述索赔通知书或有关索赔的进一步证明材料后的42天内，将索赔处理结果答复承包人。

③承包人接受索赔处理结果的，发包人应在做出索赔处理结果答复后28天内完成赔付。承包人不接受索赔处理结果的，按合同约定的争议解决办法办理。

4. 承包人提出索赔的期限

对于承包人向发包人提出的索赔请求，索赔文件应该交由工程师（监理人）审核。承包人提出索赔的期限如下：

①承包人按合同约定接受了竣工付款证书后，应被认为已无权再提出在合同工程接收证书颁发前所发生的任何索赔。

②承包人按合同约定提交的最终结清申请单中，只限于提出工程接收证书颁发后发生的索赔。提出索赔的期限自接受最终结清证书时终止。

第八章　工程项目质量管理

工程项目质量是指通过项目施工全过程所形成的、能满足用户或社会需要的并由工程合同有关技术标准、设计文件、施工规范等具体详细设定其安全、适用、耐久经济美观等特性要求的工程质量以及工程建设各阶段、各环节工作质量的总和。

第一节　工程项目质量管理概述

一、质量管理与质量控制的相关概念

（一）质量与施工质量的概念

质量是指一组固有特性满足要求的程度。该定义可理解为：质量不仅是指产品的质量，而且包括某项活动或过程的工作质量，还包括质量管理活动体系运行的质量。质量的关注点是一组固有特性，而不是赋予的特性。质量是满足要求的程度，要求是指明示的、隐含的或必须履行的需要和期望。质量要求是动态的、发展的和相对的。

施工质量是指建筑工程项目施工活动及其产品的质量，即通过施工使工程满足业主（顾客）需要并符合国家法律、法规、技术规范标准、设计文件及合同规定的要求，包括在安全、使用功能、耐久性、环境保护等方面所有明示和隐含需要的能力的特性综合。施工质量特性主要体现在由施工形成的建筑工程的适用性、安全性、耐久性、可靠性、经济性及与环境的协调性六个方面。

（二）质量管理与施工质量管理的概念

质量管理是指在质量方面指挥和控制组织的协调活动。与质量有关的活动，通常包括质量方针和质量目标的建立、质量策划、质量控制、质量保证和质量改进等。所以，质量管理就是确定和建立质量方针、质量目标及职责，并在质量管理体系中通过质量策划、质量控制、质量保证和质量改进等手段来实施和实现全部质量管理职能的所有活动。

施工质量管理是指工程项目在施工、安装和验收阶段，指挥和控制工程施工组织关于

质量的相互协调的活动，使工程项目施工围绕着使产品质量满足不断更新的质量要求，而开展的策划、组织、计划、实施、检查、监督和审核等所有管理活动的总和。它是工程项目施工各级职能部门领导的职责，而工程项目施工的最高领导即施工项目经理应负全责。施工项目经理必须调动与施工质量有关的所有人员的积极性，共同做好本职工作，完成施工质量管理的任务。

（三）质量控制与施工质量控制的概念

质量控制是质量管理的一部分，是致力于满足质量要求的一系列相关活动。

施工质量控制是在明确的质量方针指导下，通过对施工方案和资源配置的计划、实施、检查和处置，进行施工质量目标的事前控制、事中控制和事后控制的系统过程。

二、建筑工程项目施工质量控制的特点

建筑工程项目施工质量控制的特点是由建筑工程项目的工程特点和施工生产的特点决定的，施工质量控制必须考虑和适应这些特点，并进行有针对性的管理。

（一）施工的一次性

建筑工程项目施工是不可逆的，当施工出现质量问题时，不可能完全回到原始状态，严重的可能导致工程报废。建筑工程项目一般都投资巨大，一旦发生施工质量事故，会造成重大的经济损失。因此，建筑工程项目施工都应一次成功，不能失败。

（二）工程的固定性和施工生产的流动性

每一项建筑工程项目都固定在指定地点的土地上，建筑工程项目施工全部完成后，由施工单位就地移交给使用单位。工程的固定性特点决定了建筑工程项目对地基的特殊要求，施工采用的地基处理方案对工程质量产生直接影响。相对于工程的固定性特点，施工生产则表现出流动性的特点，表现为各种生产要素既在同一工程上流动，又在不同工程项目之间流动。

（三）产品的单件性

每一建筑工程项目都要和周围环境相结合。由于周围环境及地基情况的不同，只能单独设计生产，不能像一般工业产品那样，同一类型可以批量生产。建筑产品即使采用标准图纸生产，也会由于建筑地点、时间的不同，施工组织方法的不同，施工质量管理的要求

存在差异，使建筑工程项目的运作和施工不能标准化。

（四）工程体形庞大

建筑工程项目是由大量的工程材料、制品和设备构成的实体，体积庞大，无论是房屋建筑还是铁路、桥梁、码头等土木工程，都会占有很大的外部空间，一般只能露天进行施工生产，施工质量受气候和环境的影响较大。

（五）生产的预约性

施工产品不像一般的工业产品那样先生产后交易，只能是在施工现场根据预定的条件进行生产，即先交易后生产。因此，选择设计、施工单位，通过招标、投标、竞标、定约、成交，就成为建筑业物质生产的一种特有的方式。业主事先对这项工程产品的工期、造价和质量提出要求，并在生产过程中对工程质量进行必要的监督控制。

三、施工质量的影响因素

施工质量的影响因素主要有人（Man）、材料（Material）、机械（Machine）、方法（Method）及环境（Environment）五大方面，即“4M1E”。

（一）人的因素

这里所讲的“人”，是指直接参与施工的决策者、管理者和作业者。人的因素影响主要是指上述人员个人的质量意识及质量活动能力对施工质量造成的影响。我国实行的执业资格注册制度和管理及作业人员持证上岗制度等，从本质上说，就是对从事施工活动的人的素质和能力进行必要的控制。在施工质量管理中，人的因素起决定性的作用。所以，施工质量控制应以控制人的因素为基本出发点。作为控制对象，人的工作应避免失误；作为控制动力，应充分调动人的积极性，发挥人的主导作用。必须有效控制参与施工的人员的素质，不断提高人的质量活动能力，这样才能保证施工质量。

（二）材料的因素

材料包括工程材料和施工用料，也包括原材料、半成品、成品、构配件等。各类材料是工程施工的物质条件，材料质量是工程质量的基础，材料质量不符合要求，工程质量就不可能达到标准。加强对材料的质量控制，是保证工程质量的重要基础。

（三）机械的因素

机械设备包括工程设备、施工机械设备。工程设备是指组成工程实体的工艺设备和各类机具，如：各类生产设备、装置和辅助配套的电梯、泵机，以及通风空调、消防设备、环保设备等，它们是建筑工程项目的重要组成部分，其质量的优劣，直接影响到工程使用功能的发挥。施工机械设备是指施工过程中使用的各类机具设备，包括运输设备、吊装设备、操作工具、测量仪器、计量器具及施工安全设施等。施工机械设备是所有施工方案和工法得以实施的重要物质基础，合理选择和正确使用施工机械设备是保证施工质量的重要措施。

（四）方法的因素

施工方法包括施工技术方案、施工工艺、工法和施工技术措施等。从某种程度上说，技术工艺水平的高低，决定了施工质量的优劣。采用先进、合理的工艺、技术，根据规范的工法和作业指导书进行施工，必将对组成质量因素的产品精度、平整度、清洁度、密封性等物理、化学特性等方面起到良性的推进作用。例如，近年来国家住房和城乡建设部在全国建筑业中推广应用的10项新技术，包括地基基础和地下空间工程技术、混凝土技术、钢筋和预应力技术、模板及脚手架技术、钢结构技术、建筑防水技术等，对确保建筑工程质量和消除质量通病起到了积极作用，收到了明显的效果。

（五）环境的因素

环境的因素主要包括现场自然环境因素、施工质量管理环境因素和施工作业环境因素。环境因素对工程质量的影响，具有复杂多变和不确定性的特点。

①现场自然环境因素主要指工程地质、水文、气象条件和周边建筑、地下障碍物及其他不可抗力等对施工质量的影响因素。例如，在地下水水位高的地区，若在雨期进行基坑开挖，遇到连续降雨或排水困难，就会引起基坑塌方或地基受水浸泡影响承载力等；在寒冷地区冬期施工措施不当，工程会因受到冻融而影响质量；在基层未干燥或大风天进行卷材屋面防水层的施工，就会导致粘贴不牢及空鼓等质量问题。

②施工质量管理环境因素主要指施工单位质量保证体系、质量管理制度和各参建施工单位之间的协调等因素。根据承发包的合同结构，理顺管理关系，建立统一的现场施工组织系统和质量管理的综合运行机制，确保质量保证体系处于良好的状态，创造良好的质量管理环境和氛围，是施工顺利进行、提高施工质量的保证。

③施工作业环境因素主要指施工现场的给排水条件，各种能源介质供应，施工照明、通风、安全防护设施，施工场地空间条件和通道，以及交通运输和道路条件等因素。这些条件是否良好，直接影响到施工能否顺利进行，以及施工质量能否得到保证。

第二节　建筑工程项目质量控制体系

建筑工程项目的实施，涉及业主方、勘察方、设计方、施工方、监理方、供应方等多方质量责任主体的活动，各方主体各自承担不同的质量责任和义务。为了有效地进行系统、全面的质量控制，必须由项目实施的总负责单位负责建筑工程项目质量控制体系的建立和运行，实施质量目标的控制。

一、建筑工程项目质量控制体系的性质、特点和结构

（一）建筑工程项目质量控制体系的性质

建筑工程项目质量控制体系既不是业主方的质量管理体系或质量保证体系，也不是施工方的质量管理体系或质量保证体系，而是整个建筑工程项目目标控制的一个工作系统，其性质如下：

建筑工程项目质量控制体系是以项目为对象，由项目实施的总组织者负责建立的、面向项目对象开展质量控制工作体系；建筑工程项目质量控制体系是项目管理组织的一个目标控制体系，它与项目投资控制、进度控制、职业健康安全与环境管理等目标控制体系共同依托于同一项目管理的组织机构；建筑工程项目质量控制体系根据项目管理的实际需要而建立，随着项目的完成和项目管理组织的解体而消失，因此是一个一次性的质量控制工作体系，不同于企业的质量管理体系。

（二）建筑工程项目质量控制体系的结构

建筑工程项目质量控制体系一般形成多层次、多单元的结构形态，这是由其实施任务的委托方式和合同结构所决定的。

1. 多层次结构

多层次结构是对应于项目工程系统纵向垂直分解的单项、单位工程项目的质量控制体系。在大中型项目尤其是群体工程项目中，第一层次的质量控制体系应由建设单位的工程项目管理机构负责建立；在委托代建、委托项目管理或实行交钥匙式工程总承包的情况

下，应由相应的代建方项目管理机构、受托项目管理机构或工程总承包企业项目管理机构负责建立；第二层次的质量控制体系通常是指分别由项目的设计总负责单位、施工总承包单位等建立的相应管理范围内的质量控制体系；第三层次及其以下的质量控制体系承担工程设计、施工安装、材料设备供应等各承包单位的现场质量自控，或是各自的施工质量保证体系。系统纵向层次机构的合理性是项目质量目标、控制责任和措施分解落实的重要保证。

2. 多单元结构

多单元结构是指在建筑工程项目质量控制体系下，第二层次的质量控制体系及其以下的质量自控或保证体系可能有多个，这是项目质量目标、责任和措施分解的必然结果。

二、建筑工程项目质量控制体系的建立

建筑工程项目质量控制体系的建立过程，实际上就是项目质量总目标的确定和分解过程，也是项目各参与方之间质量管理关系和控制责任的确立过程。为了保证质量控制体系的科学性和有效性，必须明确体系建立的原则、内容、程序和主体。

（一）建立的程序

建筑工程项目质量控制体系的建立一般可按以下环节依次展开工作：

1. 确立系统质量控制网络

首先明确系统各层面的工程质量控制负责人，一般应包括承担项目实施任务的项目经理（或工程负责人）、总工程师，项目监理机构的总监理工程师、专业监理工程师等，以形成明确的项目质量控制责任者的关系网络架构。

2. 制定质量控制制度

质量控制制度包括质量控制例会制度、协调制度、报告审批制度、质量验收制度和质量信息管理制度等，应形成建筑工程项目质量控制体系的质量管理文件或手册，作为承担建筑工程项目实施任务的各方主体共同遵循的管理依据。

3. 分析质量控制界面

建筑工程项目质量控制体系的质量责任界面包括静态界面和动态界面。一般来说，静态界面根据法律法规、合同条件、组织内部职能分工来确定。动态界面主要是指项目实施过程中设计单位之间、施工单位之间、设计单位与施工单位之间的衔接配合关系及其责任划分，必须通过分析研究，确定管理原则与协调方式。

4. 编制质量控制计划

项目管理总组织者负责主持编制建筑工程项目总质量计划，并根据质量控制体系的要求，部署各质量责任主体编制与其承担任务相符合的质量计划，并按规定程序完成质量计划的审批，作为其实施自身工程质量控制的依据。

（二）建立质量控制体系的责任主体

根据建筑工程项目质量控制体系的性质、特点和结构，一般情况下，建筑工程项目质量控制体系应由建设单位或工程项目总承包企业的工程项目管理机构负责建立。在分阶段依次对勘察、设计、施工、安装等任务进行分别招标发包的情况下，该体系通常应由建设单位或其委托的工程项目管理企业负责建立，并由各承包企业根据项目质量控制体系的要求，建立隶属于总的建筑工程项目质量控制体系的设计项目质量保证体系、施工项目质量保证体系、采购供应项目质量保证体系等分质量保证体系（可称相应的质量控制子系统），以具体实施其质量责任范围内的质量管理和目标控制。

三、建筑工程项目质量控制体系的运行

建筑工程项目质量控制体系的建立，为项目的质量控制提供了组织制度方面的保证。建筑工程项目质量控制体系的运行，实质上就是系统功能的发挥过程，也是质量活动职能和效果的控制过程。建筑工程项目质量控制体系要有效地运行，还有赖于系统内部的运行环境和运行机制的完善。

（一）运行环境

建筑工程项目质量控制体系的运行环境，主要是指以下三个方面为系统运行提供支持的管理关系、组织制度和资源配置的条件：

1. 建筑工程项目的合同结构

建筑工程合同是联系建筑工程项目各参与方的纽带，只有在建筑工程项目合同结构合理、质量标准和责任条款明确，并严格进行履约管理的条件下，建筑工程项目质量控制体系的运行才能成为各方的自觉行动。

2. 质量管理的资源配置

质量管理的资源配置包括专职的工程技术人员和质量管理人员的配置，实施技术管理和质量管理所必需的设备、设施、器具、软件等物质资源的配置。人员和资源的合理配置

是质量控制体系得以运行的基础条件。

3. 质量管理的组织制度

建筑工程项目质量控制体系内部的各项管理制度和程序性文件的建立，为质量控制体系各个环节的运行提供必要的行动指南、行为准则和评价基准的依据，是其系统有序运行的基本保证。

（二）运行机制

建筑工程项目质量控制体系的运行机制是由一系列质量管理制度安排所形成的内在动力。运行机制是质量控制体系的生命，机制缺陷是系统运行无序、失效和失控的重要原因。因此，在制定系统内部的管理制度时，必须予以高度的重视，防止重要管理制度的缺失、制度本身的缺陷、制度之间的矛盾等现象出现，这样才能为系统的运行注入动力机制、约束机制、反馈机制和持续改进机制。

1. 动力机制

动力机制是建筑工程项目质量控制体系运行的核心机制，它来源于公正、公开、公平的竞争机制和利益机制的制度设计或安排。这是因为项目的实施过程是由多主体参与的价值增值链，只有保持合理的供方及分供方等各方关系，才能形成合力。

2. 约束机制

没有约束机制的建筑工程项目质量控制体系是无法使工程质量处于受控状态的。约束机制的约束能力取决于各质量责任主体内部的自我约束能力和外部的监控效力。约束能力表现为组织及个人的经营理念、质量意识、职业道德及技术能力的发挥；监控效力取决于项目实施主体外部对质量工作的推动和检查监督。两者相辅相成，构成了质量控制过程的制衡关系。

3. 反馈机制

运行状态和结果的信息反馈，是对建筑工程项目质量控制体系的能力和运行效果进行评价，并为及时做出处置提供决策依据。因此，必须有相关的制度安排，保证质量信息反馈的及时和准确；坚持质量管理者深入生产第一线，掌握第一手资料，才能形成有效的质量信息反馈机制。

4. 持续改进机制

在项目实施的各个阶段，不同的层面、不同的范围和不同的质量责任主体之间，应用PDCA 循环原理，即计划、实施、检查和处置不断循环的方式展开质量控制，同时注重抓好控制点的设置，加强重点控制和例外控制，并不断寻求改进机会、研究改进措施，才能保证建筑工程项目质量控制体系的不断完善和持续改进，不断提高质量控制能力和控制水平。

第三节　建筑工程项目施工质量控制

一、施工质量控制的依据与基本环节

（一）施工质量的基本要求

工程项目施工是实现项目设计意图形成工程实体的阶段，是最终形成项目质量和实现项目使用价值的阶段。项目施工质量控制是整个工程项目质量控制的关键和重点。

施工质量要达到的最基本要求是通过施工形成的项目工程实体质量经检查验收合格。

施工质量在合格的前提下，还应符合施工承包合同约定的要求。施工承包合同的约定具体体现了建设单位的要求和施工单位的承诺，合同的约定全面体现了对施工形成的工程实体的适用性、安全性、耐久性、可靠性、经济性及与环境的协调性六个方面质量特性的要求。

为了达到上述要求，项目的建设单位、勘察单位、设计单位、施工单位、工程监理单位应切实履行法定的质量责任和义务，在整个施工阶段对影响项目质量的各项因素实行有效的控制，以保证项目实施过程的工作质量，进而保证项目工程实体的质量。

（二）施工质量控制的基本环节

施工质量控制应贯彻全面、全过程、全员质量管理的思想，运用动态控制原理，进行事前质量控制、事中质量控制和事后质量控制。

1. 事前质量控制

事前质量控制即在正式施工前进行的事前主动质量控制，通过编制施工质量计划，明确质量目标，制订施工方案，设置质量管理点，落实质量责任，分析可能导致质量目标偏离的各种影响因素，针对这些影响因素制定有效的预防措施，防患于未然。

事前质量控制必须充分发挥组织的技术和管理方面的整体优势，把长期形成的先进技术、管理方法和经验智慧创造性地应用于工程项目中。事前质量控制要求针对质量控制对象的控制目标、活动条件、影响因素进行周密分析，找出薄弱环节，制定有效的控制措施和对策。

2. 事中质量控制

事中质量控制是指在施工质量形成过程中，对影响施工质量的各种因素进行全面的动态控制。事中质量控制也称作业活动过程质量控制，包括质量活动主体的自我控制和他人监控。自我控制是第一位的，即作业者在作业过程中对自己质量活动行为的约束和技术能力的发挥，以完成符合预定质量目标的作业任务；他人监控是对作业者的质量活动过程和结果，由来自企业内部管理者和企业外部有关方面进行监督检查，如：工程监理机构、政府质量监督部门等。

施工质量的自控和他人监控是相辅相成的系统过程。自控主体的质量意识和能力是关键，是施工质量的决定因素；各监控主体所进行的施工质量监控是对自控行为的推动和约束。

因此，自控主体必须正确处理自控和监控的关系，在致力于施工质量自控的同时，还必须接受来自业主、监理单位等方面对其质量行为和结果所进行的监督管理，包括质量检查、评价和验收。自控主体不能因为监控主体的存在和监控职能的实施而减轻或免除其质量责任。

事中质量控制的目标是确保工序质量合格，杜绝质量事故发生；控制的关键是坚持质量标准；控制的重点是工序质量、工作质量和质量控制点。

3. 事后质量控制

事后质量控制也称为事后质量把关，以使不合格的工序或最终产品（包括单位工程或整个工程项目）不流入下道工序、不进入市场。事后质量控制包括对质量活动结果的评价、认定，对工序质量偏差的纠正，对不合格产品进行整改和处理。事后质量控制的重点是发现施工质量方面的缺陷，并通过分析提出施工质量改进的措施，保持质量处于受控状态。

以上三大环节不是互相孤立和截然分开的，它们共同构成有机的系统过程，实质上也就是质量管理 PDCA 循环的具体化，在每一次滚动循环中不断提高质量，达到质量管理和质量控制的持续改进。

二、施工质量计划的内容与编制方法

（一）施工质量计划的形式和内容

在建筑工程施工企业的质量管理体系中，以施工项目为对象的质量计划称为施工质量计划。

1. 施工质量计划的形式

目前，我国除了已经建立质量管理体系的施工企业直接采用施工质量计划的形式外，通常还采用在工程项目施工组织设计或施工项目管理实施规划中包含质量计划内容的形式，因此，现行的施工质量计划有以下三种形式：

①工程项目施工质量计划。

②工程项目施工组织设计（含施工质量计划）。

③施工项目管理实施规划（含施工质量计划）。

工程项目施工组织设计或施工项目管理实施规划之所以能发挥施工质量计划的作用，是因为根据建筑生产的技术经济特点，每个工程项目都需要进行施工生产过程的组织与计划，包括施工质量、进度、成本、安全等目标的设定，实现目标的计划和控制措施的安排等。因此，施工质量计划所要求的内容，理所当然地被包含于工程项目施工组织设计或施工项目管理实施规划中，而且能够充分体现施工项目管理目标（质量、工期、成本、安全）的关联性、制约性和整体性，这也和全面质量管理的思想方法相一致。

2. 施工质量计划的基本内容

在已经建立质量管理体系的情况下，质量计划的内容必须全面体现和落实企业质量管理体系文件的要求（也可引用质量体系文件中的相关条文），编制程序、内容和编制依据符合有关规定，同时结合工程的特点，在质量计划中编写专项管理要求。施工质量计划的基本内容一般应包括以下内容：

工程特点及施工条件（合同条件、法规条件和现场条件等）分析；质量总目标及其分解目标；质量管理组织机构和职责，人员及资源配置计划；确定施工工艺与操作方法的技术方案和施工组织方案；施工材料、设备等物资的质量管理及控制措施施工质量检验、检测、试验工作的计划安排及其实施方法与检测标准；施工质量控制点及其跟踪控制的方式与要求；质量记录的要求；等等。

（二）施工质量计划的编制与审批

对于建筑工程项目施工任务的组织，无论业主方是采用平行发包模式还是总分包模式，都将涉及多方参与主体的质量责任。也就是说，建筑产品的直接生产过程是在协同方式下进行的。因此，在工程项目质量控制体系中，要按照“谁实施谁负责”的原则，明确施工质量控制的主体构成及其各自的控制范围。

1. 施工质量计划的编制主体

施工质量计划应由自控主体即施工承包企业进行编制。在平行发包模式下，各承包单位应分别编制施工质量计划；在总分包模式下，施工总承包单位应编制总承包工程范围的施工质量计划，各分包单位编制相应分包范围的施工质量计划，作为施工总承包方质量计划的深化和组成部分。施工总承包方有责任对各分包方施工质量计划的编制进行指导和审核，并承担相应施工质量的连带责任。

2. 施工质量计划涵盖的范围

施工质量计划涵盖的范围，按整个工程项目质量控制的要求，应与建筑安装工程施工任务的实施范围相一致，以此保证整个项目建筑安装工程的施工质量总体受控；对具体施工任务承包单位而言，施工质量计划涵盖的范围，应能满足其履行工程承包合同质量责任的要求。项目的施工质量计划，应在施工程序、控制组织、控制措施、控制方式等方面，形成一个有机的质量计划系统，确保实现项目质量总目标和各分解目标的控制能力。

3. 施工质量计划的审批

施工单位的工程项目施工质量计划或施工组织设计文件编成后，应按照工程施工管理程序进行审批，审批包括施工企业内部的审批和项目监理机构的审查。

（1）施工企业内部的审批

施工单位的工程项目施工质量计划或施工组织设计文件的编制与内部审批，应根据企业质量管理程序性文件规定的权限和流程进行，通常是由项目经理部主持编制，报企业组织管理层批准。施工质量计划或施工组织设计文件的内部审批过程，是施工企业自主技术决策和管理决策的过程，也是发挥企业职能部门与施工项目管理团队的智慧和经验的过程。

（2）项目监理机构的审查

对于实施工程监理的施工项目，按照我国建设工程监理规范的规定，施工承包单位必须在工程开工前填写施工组织设计或（专项）施工方案报审表并附施工组织设计（含施工质量计划），报送项目监理机构审查。项目监理机构应审查施工单位报审的施工组织设计文件，符合要求时，应由总监理工程师签认后报建设单位。施工组织设计需要调整时，应按程序重新审查。

4. 审批关系的处理原则

正确执行施工质量计划的审批程序，是正确理解工程质量目标和要求，保证施工部署、技术工艺方案和组织管理措施的合理性、先进性和经济性的重要环节，也是进行施工质量事前预控的重要方法。因此，在执行审批程序时，必须正确处理施工企业内部审批和监理机构审查的关系，其基本原则如下：

①充分发挥质量自控主体和监控主体的共同作用，在坚持项目质量标准和质量控制能力的前提下，正确处理承包人利益和项目利益的关系；施工企业内部的审批首先应从履行工程承包合同的角度，审查实现合同质量目标的合理性和可行性，以项目质量计划向发包方提供可信任的依据。

②施工质量计划在审批过程中，对监理机构审查所提出的建议、希望、要求等是否采纳及采纳的程度，应由负责质量计划编制的施工单位自主决策。在满足合同和相关法规要求的情况下，确定质量计划的调整、修改和优化，并对相应执行结果承担责任；经过按规定程序审查批准的施工质量计划，在实施过程中如因条件变化需要对某些重要决定进行修改时，其修改内容仍应按照相应程序经过审批后执行。

（三）质量控制点的设置与管理

质量控制点的设置是施工质量计划的重要组成内容。质量控制点是施工质量控制的重点对象。

1. 质量控制点的设置

质量控制点应选择那些技术要求高、施工难度大、对工程质量影响大或发生质量问题时危害大的对象。一般选择下列部位或环节作为质量控制点：

对工程质量形成过程产生直接影响的关键部位、工序、环节及隐蔽工程；施工过程中的薄弱环节，或者质量不稳定的工序、部位或对象；对下道工序有较大影响的上道工序；采用新技术、新工艺、新材料的部位或环节；施工质量无把握的、施工条件困难的或技术难度大的工序或环节；用户反馈指出的和过去有过返工的不良工序。

2. 质量控制点的重点控制对象

质量控制点的选择要准确，还要根据对重要的质量特性进行重点控制的要求，要选择质量控制的重点部位、重点工序和重点的质量因素作为质量控制点的重点控制对象，进行重点预控和监控，从而有效地控制和保证施工质量。质量控制点的重点控制对象主要包括以下十个方面：

①人的行为。某些操作或工序，应以人为重点控制对象，如：高空、高温、水下、易燃易爆、重型构件吊装作业及操作要求高的工序和技术难度大的工序等，都应从人的生理、心理、技术能力等方面进行控制。

②材料的质量与性能。这是直接影响工程质量的重要因素，在某些工程中应作为控制的重点。例如，钢结构工程中使用的高强度螺栓、某些特殊焊接使用的焊条，都应重点控制其材质与性能。又例如，水泥的质量是直接影响混凝土工程质量的关键因素，施工中应

对进场的水泥质量进行重点控制，必须检查核对其出厂合格证，并按要求进行强度和安定性的复验，等等。

③施工方法与关键操作。某些直接影响工程质量的关键操作应作为控制的重点。例如，预应力钢筋的张拉工艺操作过程及张拉力的控制，是可靠地建立预应力值和保证预应力构件质量的关键过程。同时，那些易对工程质量产生重大影响的施工方法，也应列为控制的重点，如：大模板施工中模板的稳定和组装问题、液压滑模施工时支撑杆的稳定问题、升板法施工中提升量的控制问题等。

④施工技术参数与指标。混凝土的外加剂掺量、水胶比，回填土的含水量，砌体的砂浆饱满度，防水混凝土的抗渗等级，建筑物沉降与基坑边坡稳定监测数据，大体积混凝土内外温差及混凝土冬期施工受冻临界强度等技术参数都是应重点控制的施工技术参数与指标。

⑤技术间歇。有些工序之间必须留有必要的技术间歇时间。例如，砌筑与抹灰之间，应在墙体砌筑后留 6~10 天时间，让墙体充分沉陷、稳定、干燥，然后抹灰，抹灰层干燥后，才能喷白、刷浆；混凝土浇筑与模板拆除之间，应保证混凝土有一定的硬化时间，达到规定拆模强度后方可拆除；等等。

⑥施工顺序。某些工序之间必须严格控制先后的施工顺序，例如，对冷拉的钢筋应当先焊接后冷拉，否则会失去冷强；屋架的安装固定应采取对角同时施焊的方法，否则会由于焊接应力导致校正好的屋架发生倾斜。

⑦易发生或常见的质量通病。例如，混凝土工程的蜂窝、麻面、空洞，墙、地面、屋面工程渗水、漏水、空鼓、起砂、裂缝等，都与工序操作有关，均应事先研究对策，提出预防措施。

⑧新技术、新材料及新工艺的应用。由于缺乏经验，施工时应将其作为重点进行控制。

⑨产品质量不稳定和不合格率较高的工序应列为重点，认真分析，严格控制。

⑩特殊地基或特种结构。对于湿陷性黄土、膨胀土、红黏土等特殊土地基的处理，以及大跨度结构、高耸结构等技术难度较大的施工环节和重要部位，均应予以重视。

3. 质量控制点的管理

设定了质量控制点，质量控制的目标及工作重点就更加明晰。

首先，要做好质量控制点的事前质量控制工作，包括明确质量控制的目标与控制参数，编制作业指导书和质量控制措施、确定质量检查检验方式及抽样的数量与方法、明确检查结果的判断标准及质量记录与信息反馈要求等。

其次，要向施工作业班组进行认真交底，使每一个质量控制点上的作业人员明白施工作业规程及质量检验评定标准，掌握施工操作要领；在施工过程中，相关技术管理和质量控制人员要在现场进行重点指导和检查验收。

最后，要做好质量控制点的动态设置和动态跟踪管理。所谓动态设置，是指在工程开工前、设计交底和图纸会审时，可确定项目的一批质量控制点，随着工程的展开、施工条件的变化，随时或定期进行质量控制点的调整和更新。动态跟踪是指应用动态控制原理，落实专人负责跟踪和记录控制点质量控制的状态和效果，并及时向项目管理组织的高层管理者反馈质量控制信息，保持施工质量控制点处于受控状态。

对于危险性较大的分部分项工程或特殊施工过程，除按一般过程质量控制的规定执行外，还应由专业技术人员编制专项施工方案或作业指导书，经施工单位技术负责人、项目总监理工程师、建设单位项目负责人签字后执行。超过一定规模的危险性较大的分部分项工程，还要组织专家对专项方案进行论证。作业前施工员、技术员做好交底和记录，使操作人员在明确工艺标准、质量要求的基础上进行作业。为保证实现质量控制点的目标，应严格按照三级检查制度进行检查控制。在施工中发现质量控制点有异常时，应立即停止施工，召开分析会，查找原因，采取对策予以解决。

施工单位应积极主动地支持、配合监理工程师的工作，应根据现场工程监理机构的要求，对施工作业质量控制点按照不同的性质和管理要求，细分为见证点和待检点进行施工质量的监督和检查。凡属见证点的施工作业，如：重要部位、特种作业、专门工艺等，施工方必须在该项作业开始前，书面通知现场监理机构到位旁站，见证施工作业过程；凡属待检点的施工作业，如隐蔽工程等，施工方必须在完成施工质量自检的基础上，提前通知项目监理机构进行检查验收，然后才能进行工程隐蔽或下道工序的施工。未经过项目监理机构检查验收合格，不得进行工程隐蔽或下道工序的施工。

第四节　工程项目质量改进处理与政府监督

一、建筑工程项目质量改进

施工项目应利用质量方针、质量目标定期分析和评价项目管理状况，识别质量持续改进区域，确定改进目标，实施选定的解决办法，提高质量管理体系的有效性。

（一）改进的步骤

改进的步骤包括：①分析和评价现状，以识别改进的区域；②确定改进目标；③寻找

可能的解决办法以实现这些目标；④评价这些解决办法并做出选择；⑤实施选定的解决办法；⑥测量、验证、分析和评价实施的结果以确定这些目标已经实现；⑦正式采纳更正(形成正式的规定)；⑧必要时，对结果进行评审，以确定进一步改进的机会。

（二）改进的方法

改进的方法包括：①通过建立和实施质量目标，营造一个激励改进的氛围和环境；②确立质量目标以明确改进方向；③通过数据分析、内部审核不断寻求改进的机会，并做出适当的改进活动安排；④通过纠正和预防措施及其他适用的措施实现改进；⑤在管理评审中评价改进效果，确定新的改进目标和改进的决定。

（三）改进的内容

持续改进的范围包括质量体系、过程和产品三个方面，改进的内容涉及产品质量、日常的工作和企业长远的目标，不仅不合格现象必须纠正，目前合格但不符合发展需要的也要不断改进。

二、质量事故的处理程序

（一）事故调查

事故发生后，施工项目负责人应按规定的时间和程序及时向企业报告事故的状况，积极组织事故调查。事故调查应力求及时、客观、全面，以便为事故的分析与处理提供正确的依据。调查结果要整理撰写成事故调查报告，其主要内容包括：工程概况，事故情况，事故发生后所采取的临时防护措施，事故调查中的有关数据、资料，事故原因分析与初步判断，事故处理的建议方案与措施，事故涉及人员与主要责任者的情况等。

（二）事故原因分析

事故原因分析要建立在事故调查的基础上，避免情况不明就主观推断事故的原因。特别是涉及勘察、设计、施工、材料和管理等方面的质量事故，往往事故的原因错综复杂，因此，必须对调查所得到的数据、资料进行仔细的分析，去伪存真，找出造成事故的主要原因。

（三）制订事故处理方案

事故的处理要建立在事故原因分析的基础上，并广泛地听取专家及有关方面的意见，

经科学论证，决定事故是否进行处理和怎样处理。在制订事故处理方案时，应做到安全可靠，技术可行，不留隐患，经济合理，具有可操作性，满足建筑功能和使用要求。

（四）事故处理

根据制订的事故处理方案，对质量事故进行认真的处理。处理的内容主要包括：事故的技术处理，以解决施工质量不合格和缺陷问题；事故的责任处罚，根据事故的性质、损失大小、情节轻重对事故的责任单位和责任人做出相应的行政处罚甚至追究刑事责任。

（五）事故处理的鉴定验收

质量事故的处理是否达到预期的目的，是否依然存在隐患，应当通过检查鉴定和验收做出确认。事故处理的质量检查鉴定，应严格按施工验收规范和相关质量标准的规定进行，必要时还应通过实际测量、试验和仪器检测等方法获取必要的数据，以便准确地对事故处理的结果做出鉴定。事故处理后，必须尽快提交完整的事故处理报告，其内容包括事故调查的原始资料、测试的数据，事故原因分析、论证，事故处理的依据，事故处理的方案及技术措施，实施质量处理中有关的数据、记录、资料，检查验收记录，事故处理的结论等。

三、质量事故的处理方法

（一）修补处理

当工程某些部分的质量虽未达到规定的规范、标准或设计的要求，存在一定的缺陷，但经过修补后可以达到要求的质量标准，又不影响使用功能或外观的要求时，可采取修补处理的方法。

（二）加固处理

加固处理主要是针对危及承载力的质量缺陷的处理。通过对缺陷的加固处理，使建筑结构恢复或提高承载力，重新满足结构安全性、可靠性的要求，使结构能继续使用或改作其他用途。例如，对混凝土结构常用加固的方法主要有增大截面加固法、外包角钢加固法、粘钢加固法、增设支点加固法、增设剪力墙加固法、预应力加固法等。

（三）返工处理

当工程质量缺陷经过修补或加固处理后仍不能满足规定的质量标准要求，或不具备补救可能性时，必须返工处理。

（四）限制使用

在工程质量缺陷按修补方法处理后无法保证达到规定的使用要求和安全要求，而又无法返工处理的情况下，不得已时可做出诸如结构卸荷或减荷及限制使用的决定。

（五）不做处理

某些工程质量问题虽然达不到规定的要求或标准，但其情况不严重，对工程或结构的使用及安全影响很小，经过分析、论证、法定检测单位鉴定和设计单位等认可后，可不专门做处理。一般可不专门做处理的情况有以下四种：

①不影响结构安全、生产工艺和使用要求的。例如，有的工业建筑物出现放线定位的偏差，且超过规范标准规定，若要纠正会造成重大经济损失，但经过分析、论证，其偏差不影响生产工艺和正常使用，在外观上也无明显影响，可不做处理。又如，某些部位的混凝土表面的裂缝，经检查分析，属于表面养护不够而出现的干缩微裂，不影响使用和外观，也可不做处理。

②后道工序可以弥补的质量缺陷。例如，混凝土结构表面的轻微麻面，可通过后续的抹灰、刮涂、喷涂等弥补，也可不做处理。再如，混凝土现浇楼面的平整度偏差达到10mm，但由于后续垫层和面层的施工可以弥补，所以也可不做处理。

③法定检测单位鉴定合格的。例如，某检验批混凝土试块强度值不满足规范要求，强度不足，但经法定检测单位对混凝土实体强度进行实际检测后，其实际强度达到规范允许和设计要求值时，可不做处理。对经检测未达到要求值，但相差不多，经分析论证，只要使用前经再次检测达到设计强度的，也可不做处理，但应严格控制施工荷载。

④出现的质量缺陷，经检测鉴定达不到设计要求，但经原设计单位核算，仍能满足结构安全和使用功能的。例如，某一结构构件截面尺寸不足，或材料强度不足，影响结构承载力，但按实际情况进行复核验算后仍能满足设计要求的承载力时，可不专门进行处理。这种做法实际上是挖掘设计潜力或降低设计的安全系数，应谨慎处理。

（六）报废处理

出现质量事故的工程，通过分析或实践，采取上述处理方法后仍不能满足规定的质量

要求或标准，则必须予以报废处理。

四、政府对工程项目质量监督的内容

（一）质量监督的内容

政府建设行政主管部门和其他有关部门的工程质量监督管理应当包括：①执行法律法规和工程建设强制性标准的情况；②抽查涉及工程主体结构安全和主要使用功能的工程实体质量；③抽查工程质量责任主体和质量检测单位等的工程质量行为；④抽查主要建筑材料、建筑构配件的质量；⑤对工程竣工验收进行监督；⑥组织或者参与工程质量事故的调查处理；⑦定期对本地区工程质量状况进行统计分析；⑧依法对违法违规行为实施处罚。

（二）质量监督的程序

对工程项目实施质量监督，应当按照下列程序进行：

1. 受理建设单位办理质量监督手续

在工程项目开工前，监督机构接受建设单位有关建设工程质量监督的申报手续，并对建设单位提供的有关文件进行审查，审查合格后签发有关质量监督文件。建设单位凭工程质量监督文件，向建设行政主管部门申领施工许可证。

2. 制订质量监督工作计划并组织实施

监督机构根据项目具体情况，制订质量监督工作计划并组织实施。质量监督工作计划包括：①质量监督依据的法律、法规、规范、标准；②在项目施工的各个阶段，质量监督的内容、范围和重点；③实施质量监督的具体方法和步骤；④定期或不定期进入施工现场进行监督检查的时间计划安排；⑤质量监督记录用表式；⑥监督人员及需用资源安排。

3. 对工程实体质量和工程质量行为进行抽查、抽测

①监督机构按计划在施工现场对建筑材料、设备和工程实体进行监督抽样，委托符合法定资质的检测单位进行检测。监督抽样检测的重点是涉及结构安全和重要使用功能的项目。例如，在工程基础和主体结构分部工程质量验收前，要对地基基础和主体结构混凝土强度分别进行监督检测；对在施工过程中发生的质量问题、质量事故进行查处。

②对工程质量责任主体和质量检测等单位的质量行为进行检查。检查内容包括：参与工程项目建设各方的质量保证体系的建立和运行情况，企业的工程经营资质证书和相关人员的资格证书，按建设程序规定的开工前必须办理的各项建设行政手续是否齐全完备，施

工组织设计、监理规划等文件及其审批手续和实际执行情况，执行相关法律法规和工程建设强制性标准的情况，工程质量检查记录，等等。

4. 监督工程竣工验收

重点对竣工验收的组织形式、程序等是否符合有关规定进行监督；同时，对质量监督检查中提出的质量问题的整改情况进行复查，检查其整改情况。

5. 形成工程质量监督报告

工程质量监督报告的基本内容包括：工程项目概况、项目参建各方的质量行为检查情况、工程项目实体质量抽查情况、历次质量监督检查中提出的质量问题的整改情况、工程竣工质量验收情况、项目质量评价（包括建筑节能和环保评价）、对存在的质量缺陷的处理意见等。

6. 建立工程质量监督档案

工程质量监督档案按单位工程建立，要求归档及时，资料记录等各类文件齐全，经监督机构负责人签字后归档，按规定年限保存。

参考文献

[1]林君晓,冯羽生．工程造价管理[M].北京:机械工业出版社,2022.
[2]徐水太．建设工程招投标与合同管理[M].北京:机械工业出版社,2022.
[3]项勇,卢立宇,陈泽友．土木工程经济与管理[M].北京:机械工业出版社,2022.
[4]曹明．建筑与土木工程系列建设工程项目管理[M].北京:清华大学出版社,2022.
[5]王红平．工程造价管理[M].郑州:郑州大学出版社,2022.
[6]杜向琴．土木工程施工组织与管理[M].北京:北京理工大学出版社,2022.
[7]张郁,聂瑞．土木工程制图[M].北京:北京理工大学出版社,2022.
[8]李永福,孙晓冰．高等学校土木工程学科专业指导委员会规划教材建设工程法规[M].北京:中国建筑工业出版社,2022.
[9]李铭,王亚楠．土木工程基础实验指导[M].北京:北京理工大学出版社,2022.
[10]张同伟,张孝存,宋红英．土木工程 CAD[M].北京:机械工业出版社,2022.
[11]黄丽芬,余明贵,赖华山．土木工程施工技术[M].武汉:武汉理工大学出版社,2022.
[12]陈燕菲,杨华山．土木工程创新创业理论与实践[M].北京:机械工业出版社,2022.
[13]赵冰华,胡爱宇,张伟．土木工程 CAD+天正建筑基础实例教程[M].南京:东南大学出版社,2022.
[14]胡厚田,白志勇．土木工程地质[M].北京:高等教育出版社,2022.
[15]赵亚丁．土木工程材料[M].哈尔滨:哈尔滨工业大学出版社,2022.
[16]张亚梅．土木工程材料[M].南京:东南大学出版社,2021.
[17]胡利超,高涌涛．土木工程施工[M].成都:西南交通大学出版社,2021.
[18]周拥军,陶肖静,寇新建．现代土木工程测量[M].上海:上海交通大学出版社,2021.
[19]谢强,郭永春,李娅．土木工程地质[M].成都:西南交通大学出版社,2021.
[20]陈先华．土木工程材料学[M].南京:东南大学出版社,2021.
[21]李丰．建筑与土木工程 AutoCAD[M].西安:西安电子科学技术大学出版社,2021.
[22]徐伟．土木工程施工[M].武汉:武汉理工大学出版社,2021.
[23]戴卿,常允艳,郭涛．土木工程测量[M].成都:西南交通大学出版社,2021.

[24]汤爱平,文爱花,孙殿民．土木工程地质与选址[M].哈尔滨:哈尔滨工业大学出版社,2021.

[25]权娟娟,阳桥．土木工程材料实践指南[M].西安:西安电子科学技术大学出版社,2021.

[26]张猛,王贵美,潘彪．土木工程建设项目管理[M].长春:吉林科学技术出版社,2021.

[27]刘敏,赵金霞,刘庆．土木工程力学基础[M].北京:北京理工大学出版社,2021.

[28]吕向明,李晓莲,李灵君．土木工程专业基础实验教程[M].南京:东南大学出版社,2021.

[29]郭霞,陈秀雄,温祖国．岩土工程与土木工程施工技术研究[M].北京:文化发展出版社,2021.

[30]陈硕,赵海涛,陈育志．土木工程材料疲劳损伤无线超声智能检测与评价[M].南京:河海大学出版社,2021.

[31]邢岩松,陈礼刚,霍定励．土木工程概论[M].成都:电子科技大学出版社,2020.

[32]刘将．土木工程施工技术[M].西安:西安交通大学出版社,2020.

[33]郑晓燕,李海涛,李洁．土木工程概论[M].北京:中国建材工业出版社,2020.

[34]王进,彭妤琪．土木工程伦理学[M].武汉:武汉大学出版社,2020.

[35]陈大川．土木工程施工技术[M].长沙:湖南大学出版社,2020.

[36]叶翼翔,刘美景．土木工程材料[M].南京:东南大学出版社,2020.

[37]陶杰,彭浩明,高新．土木工程施工技术[M].北京:北京理工大学出版社,2020.

[38]李苗,穆成鹏,童小龙．土木工程概论[M].北京:北京理工大学出版社,2020.

[39]何铭新,李怀健．土木工程制图第5版[M].武汉:武汉理工大学出版社,2020.

[40]徐广舒,林乐胜．土木工程测量[M].北京:北京理工大学出版社,2020.